AF325679

RÉCOMPENSES ANNUELLES.

PREMIÈRE ANNÉE.

DE L'IMPRIMERIE DE BEAU,
à Saint-Germain-en-Laye.

ABRÉGÉ

D'HISTOIRE NATURELLE.

QUADRUPÈDES.

A VERSAILLES,

CHEZ L'ÉDITEUR, BEAU Jne, IMPRIMEUR,

Rue Satory, 28.

1854

HISTOIRE NATURELLE.

I.

QUADRUPÈDES.

LE CHEVAL.

La plus noble conquête que l'homme ait jamais faite, est celle de ce fier et fougueux animal qui partage avec lui les fatigues de la guerre et la gloire des combats. Aussi intrépide que son maître, le cheval voit le péril et l'affronte; il se fait au bruit des armes, il l'aime, il le

cherche, et s'anime de la même ardeur ; il partage aussi ses plaisirs : à la chasse, aux tournois,
à la course, il brille, il étincelle ; mais, docile
autant que courageux, il ne se laisse point emporter à son feu, il sait réprimer ses mouvements : non-seulement il fléchit sous la main
de celui qui le guide, mais il semble consulter
ses désirs ; et, obéissant toujours aux impres-
sions qu'il en reçoit, il se précipite, se modère
ou s'arrête, et n'agit que pour y satisfaire. C'est
une créature qui renonce à son être pour n'exis-
ter que par la volonté d'un autre, qui sait même
la prévenir : qui, par la promptitude et la préci-
sion de ses mouvements, l'exprime et l'exécute ;
qui sent autant qu'on le désire, et ne rend
qu'autant qu'on veut ; qui, se livrant sans réserve, ne se refuse rien, sert de toutes ses forces, s'excède, et même meurt pour mieux obéir.

Le cheval est de tous les animaux celui qui,
avec une grande taille, a le plus de proportion
et d'élégance dans les parties de son corps. Il
semble vouloir se mettre au-dessus de son état
de quadrupède en élevant la tête ; dans cette
noble attitude, il regarde l'homme face à face ;

ses yeux sont vifs et bien ouverts, ses oreilles bien faites et d'une juste grandeur. Sa crinière accompagne bien sa tête, orne son cou et lui donne un air de force et de fierté ; sa queue traînante et touffue couvre et termine avantageusement l'extrémité de son corps.

Le cheval, dans l'état de domesticité, se trouve dans toutes les parties du globe à l'exception du cercle arctique ; mais pour trouver ce noble animal dans toute sa beauté, dans toute son élégance, il ne faut pas le chercher dans les pâturages, où il a été confiné par l'homme. On ne le trouve dans toute sa magnificence que dans les plaines où il est né, où il n'éprouve aucune contrainte, et où il peut se livrer à tous les élans de sa liberté.

Dans les déserts de l'Afrique, et les pays isolés qui séparent la Tartarie des régions plus méridionales, on voit souvent ces quadrupèdes par troupeaux de cinq à six cents ; mais l'Arabie est la contrée où ils se trouvent dans le plus grand état de perfection. Ils sont presque aussi chers aux Arabes que leurs propres enfants, et le commerce habituel résultant de ce qu'ils vivent

sous la même tente que leur maître et sa famille, fait naître dans ce quadrupède une familiarité qui ne pourrait avoir lieu d'aucune
autre manière. L'Arabe, sa femme, ses enfants
et son cheval, couchent tous pêle-mêle ; on voit
les petits enfants sur le corps et sur le cou de
la jument et du poulain, sans que ces animaux
les blessent, ni les incommodent ; on dirait
qu'ils n'osent se remuer de peur de leur faire
du mal.

Dans l'Amérique méridionale les chevaux
sauvages sont si nombreux, qu'on en voit quelquefois des troupeaux de huit à dix mille. S'ils
aperçoivent quelques chevaux privés, ils accourent vers eux, les caressent et les invitent,
par une espèce de hennissement grave et prolongé, à se joindre à eux et à s'échapper. Il
arrive souvent que les voyageurs sont arrêtés
sur leur chemin par cette espèce de désertion.

Le cheval est très-amoureux de la parure.
Toutes les fois qu'il est couvert de housses,
de plumes, de grelots, et autres ornements de
harnais, il se montre plus vif et plus fier. On
dit que Bucéphale, le fameux cheval d'Alexan-

dre, ne se laissait jamais monter, quand il était couvert de ses harnais, que par son maître.

Lorsque les muletiers espagnols veulent punir une de leurs bêtes pour quelque faute, ils lui ôtent ses grelots et son panache, et le placent à la queue du convoi ; l'affliction que cette pénitence cause au coupable est quelquefois si vive, qu'on a vu les mules refuser, dans cette circonstance, toute nourriture, et elles seraient infailliblement tombées malades, si on avait prolongé davantage le châtiment.

Le cheval se rappelle son ancienne condition et on l'a vu quitter son humble position et retourner dans les rangs qu'il avait occupés. Louis XVIII se promenait dans les environs de Melun, escorté d'un détachement de lanciers. Sur la route, cheminait aussi un garçon meunier, monté sur un vieux cheval que son maître avait acheté à une foire. Au moment où le cortége passa, ce cheval se débarrassa de son écuyer et du sac de farine, et alla en caracolant se placer au milieu des lanciers, d'où on eut beaucoup de peine à l'éloigner. C'était un vieux cheval de cavalerie que ses infirmités

***

1.

avaient fait réformer d'un escadron, pour l'envoyer passer ses jours au village.

<hr>

L'ANE.

L'âne est de son naturel humble, patient et tranquille. Il souffre avec constance, et peut-être avec courage, les châtiments et les coups ; il est sobre, et sur la quantité, et sur la qualité de la nourriture ; il est fort délicat sur l'eau, il ne veut boire que de la plus claire et aux ruisseaux qui lui sont connus.

Dans la première jeunesse il est gai, et même

assez joli ; il a de la légèreté et de la gentillesse ;
mais il la perd bientôt , soit par l'âge , soit par
les mauvais traitements ; et il devient lent, indocile et têtu... Il s'attache cependant à son
maître ; il le sent de loin et le distingue de tous
les autres hommes ; il reconnaît aussi les lieux
qu'il a coutume d'habiter, les chemins qu'il a
fréquentés ; il a les yeux bons, l'odorat admirable, l'oreille excellente.

Lorsqu'on le surcharge, il le marque en in-
clinant la tête et en baissant les oreilles ; lorsqu'on le tourmente trop, il ouvre la bouche et
retire les lèvres d'une manière très-désagréa-
ble, ce qui lui donne l'air moqueur et dérisoire ;
si on lui couvre les yeux, il reste immobile ;
lorsqu'il est couché sur le côté, si on lui place
la tête de manière que l'œil soit appuyé sur la
terre, et qu'on couvre l'autre œil avec une
pierre ou un morceau de bois, il restera dans
cette situation sans faire aucun mouvement, et
sans se secouer pour se relever.

Les ânes vivent à l'état sauvage en Tartarie,
en Perse et dans quelques contrées de l'Afrique ;
ils aiment à se rassembler en troupeaux ayant

chacun un des plus forts et des plus vieux pour chef. Il prend sur lui le soin du troupeau et se tient toujours sur le qui-vive : si un chasseur parvient à en approcher, celui qui fait sentinelle , aussitôt qu'il l'aperçoit, décrit en courant un circuit considérable, et fait différents tours , comme s'il redoutait quelque péril ; quand l'animal sait à quoi s'en tenir, il regagne le troupeau qui s'enfuit avec précipitation. Quelquefois sa curiosité lui devient funeste , attendu qu'il approche si près du chasseur, que celui-ci peut lui tirer un coup de fusil.

Les Persans prennent les ânes sauvages en creusant, dans les endroits fréquentés par ces animaux , des fosses assez profondes ; ils les remplissent à moitié de plantes et de feuillages ; les ânes, dans leurs courses, tombent dedans et ne se font aucun mal ; quand on les a garrottés on les emmène pour les dompter et les réduire à l'état domestique.

Ce sont les Espagnols qui ont importé les ânes en Amérique ; et ce pays paraît très-favorable à leur espèce, car ils y sont très-nombreux. La manière dont ils s'y prennent pour descendre les précipices des Andes est assez curieuse pour que nous en disions un mot.

Quand ces animaux sont arrivés sur le penchant d'un de ces abîmes, ils s'arrêtent d'eux-mêmes, sans être retenus par leur cavalier; et s'il a le malheur de les exciter de l'éperon, ils continuent à rester immobiles, comme s'ils étaient à réfléchir sur le péril dont ils sont menacés, et se préparent à s'y soustraire. Alors ils tremblent, et font entendre un braiment qui annonce la crainte; s'étant enfin préparés à descendre, ils placent leurs pieds de devant dans une posture semblable à celle qu'ils prennent quand ils veulent s'arrêter; mais ils tiennent ceux de derrière serrés l'un contre l'autre, en les avançant un peu sous le ventre, comme s'ils voulaient se coucher. Dans cette attitude, après avoir bien observé le chemin, ils descendent en glissant avec une grande rapidité; tout ce qui reste à faire au cavalier pendant ce temps est de se tenir ferme sur la selle, sans se servir de la bride.

Il y a des pays où les ânes remplacent nos

omnibus, nos fiacres et même nos diligences. Ainsi, tout le monde va sur des ânes au Caire, où on n'en compte pas moins de quarante mille ; on les trouve tout sellés et prêts à être montés ; ils remplacent nos voitures de place.

Nous terminerons par un trait qui prouve que l'opinion généralement reçue, que les ânes sont des animaux entêtés et insensibles aux bons comme aux mauvais traitements, n'est nullement fondée.

Un vieillard se servait d'un âne chargé de paniers, qu'il menait de porte en porte ; il lui arrivait souvent de donner à ce pauvre animal une poignée de foin ou quelques morceaux de pain, et des herbages pour le rafraîchir et l'encourager. Cet homme n'avait besoin d'aucun aiguillon pour faire marcher son âne, et il lui arrivait rarement de lever la main sur lui. Ses bons procédés furent remarqués, un jour, d'une personne qui lui demanda si sa bête n'était pas sujette à des caprices et à des entêtements. « Ah ! monsieur, répliqua-t-il, je n'ai pas de reproche à lui faire, car il est toujours prêt à marcher et à aller où je veux ; je le nourris moi-

même; quelquefois, il est d'une humeur folà-
tre; un jour, il s'est échappé loin de moi; plus
de cinquante personnes coururent inutilement
après lui pour le rattraper; il revint et ne s'ar-
rêta que lorsqu'il fut venu appuyer doucement
sa tête contre ma poitrine.

LE BŒUF.

Dans son état sauvage, le bœuf se reconnaît
à l'épaisseur de son poil qui est touffu et qui,
autour de la tête, du cou et des épaules, est
fréquemment si long, qu'il descend jusqu'à
terre. Il parvient à une telle grosseur, qu'il
pèse quelquefois de huit cents à mille kilo-
grammes. Cet animal est trop connu pour

que nous nous arrêtions plus longuement à sa description ; parlons des avantages qu'il procure à l'homme.

Le bœuf ne convient pas autant que le cheval, l'âne et le chameau pour porter des fardeaux : la forme de son dos et de ses reins le démontre ; mais la grosseur de son cou et la largeur de ses épaules indiquent assez qu'il est propre à tirer et à porter le joug. « Il est étonnant, dit Buffon, que dans des provinces entières on l'oblige à tirer par les cornes ; la seule raison qu'on ait pu m'en donner c'est que, quand il est attelé par les cornes, on le conduit plus aisément ; il a la tête très-forte, et il ne laisse pas de tirer assez bien de cette façon, mais avec beaucoup moins d'avantage que quand il tire par les épaules. Il semble avoir été fait pour la charrue, la masse de son corps, le peu de hauteur de ses jambes : tout, jusqu'à sa tranquillité et sa patience dans le travail, semble concourir à le rendre propre à la culture des champs, et plus capable qu'aucun autre de vaincre la résistance constante et toujours nouvelle que la terre oppose à ses efforts. »

Il n'est presque aucune partie du bœuf qui ne soit utile à l'homme. Sa peau sert à la fabrication de plusieurs espèces de cuirs. Son poil est employé à différents usages; l'industrie humaine est parvenue à faire de ses cornes des boîtes, des peignes, des manches de couteaux, des gobelets et beaucoup d'autres ustensiles. Lorsqu'on l'amollit dans l'eau bouillante, elle devient si flexible, qu'on en fait des feuilles transparentes; les os de bœuf remplacent l'ivoire dans beaucoup de cas; avec les cartilages et les parures de sa peau, on fait de la glu; les nerfs de cet animal sont convertis en une espèce de fil très-fin employé par les selliers et autres ouvriers; ses pieds fournissent une huile qui est très-utile pour préparer et adoucir le cuir; le suif et la graisse qu'il fournit sont trop connus pour que nous en parlions. Tels sont les avantages que l'on retire du bœuf; et si nous portions notre attention sur la vache, dont le lait forme une nourriture si riche et si nutritive pour le genre humain, et procure à nos maisons des articles aussi importants que le beurre, le fromage et la crème, etc., nous serions portés certainement à louer et à bénir le Créateur qui a daigné multiplier cette espèce d'animal avec une prodigieuse libéralité. Le bœuf se trouve dans toutes les parties du globe ; petit ou gros, suivant les climats et la quantité de nourriture qu'on lui donne. La vie de cet animal s'étend jusqu'à quinze ans ; on peut estimer très-aisément son âge, parce que, vers sa quatrième année, il se forme à la racine de ses cornes un cercle, auquel chaque année subséquente en ajoute un autre.

La manière dont les bœufs sauvages s'éloignent de celui qui les poursuit, est vraiment curieuse : lorsque ces animaux aperçoivent quelqu'un qui s'approche d'eux, ils s'enfuient à toutes jambes à la distance d'environ six cents mètres. Ils forment alors un circuit, et reviennent hardiment sur leurs pas, en secouant la tête d'une manière menaçante. S'arrêtant alors tout à coup à la distance de deux à trois cents mètres, ils regardent d'un air farouche l'objet de leur surprise ; mais, au moindre mouvement, ils décrivent encore un circuit, et s'enfuient avec la même précipitation qu'auparavant, à une distance, à la vérité, moins éloignée; ensuite formant un cercle plus petit et revenant de nouveau, en prenant un aspect plus menaçant encore que la première fois, ils s'approchent de plus près, puis font une nouvelle halte. Ils répètent plusieurs fois ce manége jusqu'à ce qu'ils ne se trouvent plus qu'à une petite distance; alors il faut les viser le plus juste possible, car, si on les manque, ils se jettent infailliblement sur leur adversaire.

LE BUFFLE.

Cet animal a, dans l'ensemble de sa forme, une grande ressemblance avec le bœuf; mais il en diffère par les cornes, et par quelques autres particularités dans sa structure interne ; la longueur du buffle est d'environ trois mètres. Les membres de ce quadrupède sont, proportionnellement à sa grosseur, plus robustes que ceux du bœuf ; ses oreilles pendantes ont environ trente centimètres de longueur, et sont couvertes, en grande partie, par les extrémités inférieures de ses cornes, qui décrivent une courbe dont la partie convexe penche vers la terre, et dont les extrémités sont relevées : ses cornes sont singulières par leur forme et leur position ; leur base a trente-cinq centimètres de largeur ; elles ne sont éloignées l'une de l'autre que de quelques centimètres ; elles prennent alors une forme sphérique, et s'étendent sur une grande partie de la tête.

Le poil de ces animaux est d'un brun obscur, et leur queue est courte et touffue à l'extrémité. Ils aiment se vautrer dans la fange, et traversent à la nage les plus grands fleuves avec beaucoup de facilité. Leur bosse n'est pas, comme on l'a prétendu, une grosse loupe de chair, mais elle est occasionnée par des os qui

obligent les articulations des épaules à prendre
plus d'allongement que n'en ont celles des
autres animaux.

Les buffles se trouvent le plus ordinairement
dans les contrées brûlantes de l'Inde et de
l'Afrique ; mais ils ont été introduits dans quelques contrées de l'Europe, où ils se sont natu-
ralisés. Ils sont fort communs dans toutes les
contrées orientales du globe, ainsi que dans
l'Italie. On en voit de nombreux troupeaux
traverser le Tigre et l'Euphrate ; ils marchent
en se tenant serrés. Le bouvier qui les mène
est monté sur l'un d'eux, se tenant parfois
debout, parfois couché ; et si quelqu'un de
ceux qui sont sur les côtés se dérange, il marche légèrement de dos en dos pour les faire
avancer et rentrer dans les rangs.

On raconte que des navigateurs, arrivés à
une des îles de l'Océan Pacifique où les buffles
abondent, voulurent s'en procurer quelques-
uns ; il fut convenu qu'on leur en amènerait
huit avec des cordes passées à travers les na-
rines et autour de leurs cornes. Mais lorsque
ces animaux furent en vue de l'équipage, ils

devinrent si furieux, que quelques-uns d'entre eux arrachèrent les cordages de leurs naseaux et se mirent en liberté ; d'autres déracinèrent les buissons auxquels on les avait attachés. Tous les moyens qu'on employa pour leur embarquement, eussent été inutiles sans le secours de quelques enfants dont ils se laissèrent approcher, et qui parvinrent à calmer leur furie.

Lorsque ces buffles eurent été amenés dans la rade, ce fut par l'entremise de ces mêmes enfants, qui aidèrent à leur enlacer des cordes autour de leurs jambes, que l'on parvint à les renverser par terre, et à les hisser ensuite dans les vaisseaux. Il est aussi très-digne de remarque, qu'après un séjour de vingt heures à bord ils devinrent apprivoisés.

L'ÉLÉPHANT.

L'éléphant est le plus gros de tous les quadrupèdes, et sous une infinité de rapports il mérite toute notre attention. Quand il est parvenu à sa croissance il a environ trois mètres de hauteur, depuis les pieds jusqu'à la partie la plus élevée du dos. L'éléphant a le corps ramassé, une grosse tête, le cou très-court, une trompe qui descend jusqu'à terre, une petite gueule étroite, avec deux grandes dents ou défenses qui tiennent à la mâchoire supérieure, sans compter huit grosses dents mâchelières; de petits yeux perçants et spirituels, et de grandes oreilles pendantes. Ses jambes, rou-

des et massives, lui servent comme de pi-
liers pour soutenir son énorme corps ; il a
la peau très-dure, principalement sur la poitrine ; sa couleur est d'un brun foncé tirant
sur le noir.

« La trompe de l'éléphant, dit Buffon, est
en même temps un membre capable de mouvement, et un organe de sentiment ; il peut
non-seulement la remuer, la fléchir, mais encore la raccourcir, l'allonger, la courber et
la tourner en tous sens. L'extrémité est ter-
minée par un rebord qui s'allonge par-dessus en forme de doigt. C'est par le moyen de
ce rebord que l'éléphant fait tout ce que
nous faisons : il ramasse à terre les plus petites
pièces de monnaie ; il cueille les herbes et les
fleurs en les choisissant une à une ; il dénoue
un cordon, et ferme les portes en tournant les
clefs et en poussant les verroux. »

Les défenses de ce quadrupède, qui produisent l'ivoire, varient par la grosseur et l'éten-
due : les plus longues n'ont guère plus de deux
mètres ou deux mètres cinquante centimètres,
et pèsent cinquante à soixante-quinze kilos.

La principale nourriture de cet animal est l'herbe ; quand il est apprivoisé, il mange du foin, de l'avoine et de l'orge, et boit une quantité d'eau considérable ; lorsqu'on s'en servait dans les armées, avant les batailles, on leur donnait des liqueurs spiritueuses afin de les rendre furieux.

On prétend que l'éléphant vit depuis cent jusqu'à trois cents ans. Un voyageur assure qu'un cornac, ou conducteur d'éléphant, lui a déclaré en connaître un qui avait été sous la garde du *père du grand-père de son grand-père.*

Les éléphants sauvages marchent en bandes : le plus âgé conduit, et le second d'âge fait marcher le troupeau en ordre ; s'il arrive qu'ils rencontrent quelque individu de leur espèce mort dans les bois, ils couvrent son cadavre de branches d'arbres et de tout ce qu'ils peuvent trouver : si l'un d'eux est blessé, les autres en prennent soin ; ils lui apportent sa nourriture, et se réunissent tous pour le sauver de la poursuite des ennemis.

Mais l'éléphant qu'on doit le plus étudier est l'éléphant domestique. Une fois dompté, dit encore Buffon, car c'est toujours ce grand peintre de la nature qui nous offre les meilleurs récits, il devient le plus doux et le plus patient de tous les animaux, il s'attache à celui qui le soigne, il le caresse, le prévient, et semble deviner tout ce qui peut lui plaire. Il caresse ses amis avec sa trompe, et salue les gens qu'on lui fait remarquer. On l'attache par des traits à des chariots, à des navires, à des cabestans. Un éléphant rend autant de services que cinq à six chevaux ; mais il exige beaucoup de soins et une grande quantité de bonne nourriture.

Voici un exemple des services qu'ils rendent dans les Indes, où ils sont nombreux. A Goa, où l'on construit des navires, on ne se sert que d'éléphants pour transporter les grosses pièces de charpente. Pour cela on lie les poutres à l'une des extrémités, on jette le bout de la corde à l'animal qui l'enroule autour de sa trompe, traîne la pièce de bois seul jusqu'à l'endroit qui lui a été désigné une première fois. On en a même vu qui, lorsqu'ils rencontraient d'autres pièces, embarrassant le passage, levaient celle qu'ils transportaient, la

passaient par-dessus et continuaient tranquillement leur chemin.

On employait autrefois ces animaux à lancer
des bâtiments Un d'eux reçut l'ordre de pousser
dans la mer un fort navire ; mais cette tâche
excéda ses forces. Son maître, d'un ton ironi-
que , invita le cornac à emmener cet animal
indolent et à en ramener un autre. Le pauvre
éléphant renouvela ses efforts avec tant de violence, qu'il se fracassa le crâne et mourut dans
l'instant.

Avant l'usage des armes à feu ils étaient
très-utiles dans les armées ; maintenant, à cause
de la lenteur de leur marche , on s'en sert seulement pour transporter des fardeaux, monter
l'artillerie sur les montagnes, passer les rivières
à la nage, etc.

L'histoire rapporte beaucoup de traits de
fidélité, de reconnaissance et de sagacité de ces
animaux. Lorsque Porus , roi de l'Inde, fut
vaincu par Alexandre le Grand, il se trouva
blessé de plusieurs dards, qu'un éléphant retira de son corps avec sa trompe.

Une femme avait rendu service à un éléphant et avait pris l'habitude de mettre son enfant auprès de lui lorsqu'il était tout petit. A la mort de la mère, l'éléphant prit tant d'affection pour l'enfant, qu'il manifestait le plus vif mécontentement lorsqu'on l'éloignait de sa présence, et qu'il ne voulait pas prendre d'aliments que la nourrice n'eût mis sa barcelonnette auprès de lui : alors il mangeait de bon appétit pendant que l'enfant dormait. Il chassait les mouches d'auprès de son petit protégé, et si celui-ci venait à pleurer, il le berçait.

Un soldat de Cochin, ville du Malabar, ayant rencontré un éléphant avec son cornac, se refusa à leur céder le pas; le cornac se plaignit de cet affront à l'éléphant qui, quelque temps après, ayant aperçu le soldat sur le bord d'une rivière qui traverse la ville, courut à lui, l'enleva avec sa trompe et le plongea plusieurs fois dans l'eau ; après quoi il le retira et l'exposa à la risée de tous les spectateurs.

Un peintre voulait dessiner un éléphant la trompe levée et la gueule ouverte. Le valet du peintre, pour faire demeurer l'animal en cette position, lui jetait des fruits ou faisait sem-

blant d'en jeter ; il en fut indigné, et comme
s'il eût connu que le peintre était la cause de
cette importunité, au lieu de s'en prendre au
valet, il s'adressa au maître en lui jetant par sa
trompe une grande quantité d'eau, dont il
gâta le papier sur lequel le peintre le des-
sinait.

LE CHAMEAU ET LE DROMADAIRE.

Nous ne voyons de chameaux dans nos contrées que ceux que l'on y amène à dessein de
les montrer pour de l'argent. Cependant ceux
de nos soldats qui sont en Algérie s'en servent

avec avantage, et souvent ils en prennent aux
tribus rebelles ou insoumises.

Les chameaux ont deux bosses et les dromadaires une seule ; ils vivent dans les déserts de
l'Afrique et de l'Asie, où l'on ne trouve ni
hôtellerie pour se reposer, ni arbre pour se
mettre à l'abri des traits brûlants du soleil.
En Turquie, en Perse, en Arabie et en Barbarie le chameau sert aussi comme monture
de voyage ou d'agrément. Dans l'un ou l'autre
cas, on suspend à sa bosse une espèce de chaise
à porteur qui a deux parties pendantes, dans
chacune desquelles une personne est assise
commodément.

La hauteur du chameau est d'environ deux
mètres ; son corps est couvert d'un poil brun
ou châtain ; il a la tête courte, les oreilles petites et un cou long, incliné.

Ses pieds sont plats et revêtus d'une semelle
dont l'intervalle n'est marqué que par un sillon
peu profond, ce qui procure à cet animal la
faculté de parcourir les sables brûlants des
contrées méridionales sans avoir de crevas-
ses. Le sable paraît être leur élément natu-

rel, car à peine l'ont-ils quitté pour toucher la terre, qu'ils ne peuvent plus se tenir sur leurs pieds.

Ils peuvent s'abstenir de boire pendant sept, huit et même quinze jours ; ils sentent une source à la distance de plusieurs kilomètres, et dirigent leurs pas vers elle avant que les conducteurs puissent se douter de l'endroit où elle est. Les chameaux voyagent en prenant pour toute nourriture quelques dattes sèches, ou quelques boules de farine, ou, enfin, de misérables plantes épineuses qu'ils rencontrent dans les déserts.

La facilité qu'a le chameau de s'abstenir de boire vient de la nature ; cet animal, outre les quatre estomacs communs à tous les ruminants, en a un cinquième destiné à conserver l'eau, laquelle reste pure, douce et très-saine ; aussi lorsque les gens qui voyagent avec des chameaux éprouvent une grande disette d'eau, ils prennent le parti d'en tuer un pour obtenir celle qui est contenue dans l'estomac de réserve.

La charge ordinaire d'un chameau est de cinq à six cents kilos, et, avec ce fardeau, ils traversent les déserts de la zone torride et font 48 à 50 kilomètres par jour. Lorsqu'on est sur le point de les charger, ils plient aussitôt les genoux. Quand il leur arrive de se montrer désobéissants, on les corrige à coups de bâton ; alors comme s'ils se sentaient oppressés, ils poussent un gémissement sourd, s'accroupissent contre terre, et restent dans cette posture jusqu'à ce qu'on leur ordonne de se relever. Ils traversent, malgré leurs pesants fardeaux, les rivières les plus profondes et les plus rapides. Si on les surcharge, ils donnent des coups de tête aux gens qui les oppriment, et poussent quelquefois des cris lamentables.

Les chameaux, quoique fort doux, sont excessivement sensibles aux injustices, et conservent le sentiment d'une injure jusqu'à ce qu'ils trouvent l'occasion de se venger ; mais ils ne conservent aucun ressentiment, quand une fois ils se sont fait justice ; il leur suffit même dans ce cas, de croire avoir satisfait leur vengeance. Lors donc qu'un Arabe a excité la fureur d'un chameau, il jette à terre ses vêtements dans un endroit où il soupçonne que l'animal doit passer et les dispose de manière à faire croire qu'ils couvrent un homme endormi ; l'animal reconnaît les habits, les saisit entre ses dents, les secoue avec violence et les foule aux pieds dans un transport de rage : quand sa colère est apaisée, il les laisse, et le propriétaire de ces vêtements peut se montrer en toute sûreté.

Les dromadaires, auxquels s'applique tout ce que nous avons dit des chameaux, sont très-agiles à la course et peuvent faire jusqu'à 200 kilomètres en un jour. Quelquefois, lassés de l'impatience de leur cavalier, ils s'arrêtent tout court, se tournent pour le mordre, en jetant des cris de rage : le seul parti à prendre dans cette circonstance est de les flatter et de leur donner le temps de se remettre.

LE CERF.

Cet animal est le plus beau de l'espèce des ruminants. L'élégance de ses formes, la flexibilité de ses membres, et la grandeur de sa ramure lui donnent une supériorité marquée sur tous les autres habitants des forêts. Il n'est l'ennemi d'aucune espèce d'animal; trouvant sa nourriture dans le feuillage et l'herbe nouvelle, il n'a pas besoin de faire la guerre aux habitants des bois pour les dévorer. Son inclination le porte même volontiers vers l'homme, le plus cruel de ses ennemis. Dans les forêts il vit en société, surtout pendant l'hiver. C'est

alors qu'on voit des troupes de cerfs marcher à
la file les uns des autres, se réunir dans les
fourrés les plus épais, se tenir serrés et se ré-
chauffer mutuellement de leur haleine. Le cerf
a tous les sens excellents : il voit de loin, sent de
même et entend jusqu'au bruit d'une feuille.
L'excellence de ses sens lui sert à se mettre en
sûreté ; avant de sortir d'un taillis, il s'arrête,
lève la tête, écoute, regarde, se met sous le
vent pour s'assurer qu'il n'y a point d'ennemi
dans les environs, et ne se hasarde en plaine
que lorsqu'il a bien consulté la prudence. Son
oreille, qui saisit le moindre bruit, est encore
sensible à la musique, on l'a surpris plusieurs
fois, attentif au flageolet d'un berger, s'approcher autant que sa timidité le lui permettait.

Le faon ou petit du cerf est cinq à six ans à
grossir et en vit trente-cinq à quarante.

Le bois du cerf tombe tous les ans au printemps. Ce bois devient plus grand et plus fort
jusqu'à sa huitième année. Dans toute sa grosseur, il n'a jamais plus de vingt à vingt-cinq
andouillers ; c'est ainsi qu'on nomme les différentes branches qui le composent. Ce bois est

plutôt une parure qu'une arme ; cependant le cerf s'en sert pour se défendre : quelquefois il porte des coups mortels aux chiens et aux chasseurs. Les femelles n'ont point de bois ; il commence à pousser au cerf dans la deuxième année.

On prétend que les cerfs, en traversant une rivière, posent leur tête les uns sur la croupe des autres, et qu'aussitôt que le chef de file est fatigué, il passe à la queue du troupeau et le suivant prend sa place. Ils nagent avec une grande facilité et on en a vu traverser des bras de mer. Voici un fait qui prouve le courage de cet animal. On prit un cerf des plus robustes, puis on l'enferma dans une espèce d'arène établie sur un terrain choisi, entouré de filets extrêmement solides, et hauts de 5 mètres. Tous ces préparatifs avaient été faits d'avance, et une foule immense entourait le lieu du combat. Le cerf commençait à se pavaner dans une majestueuse consternation. Tout le monde était dans l'attente, lorsqu'un tigre, dressé à la chasse, fut introduit dans l'arène. Le tigre aperçut bientôt le cerf, se coucha, et s'avança en rampant comme un chat prêt à se jeter sur une souris. Le cerf avec beaucoup de fermeté, de prudence, suivit de l'œil les mouvements de son adversaire et fit autant de détours que lui. C'est en vain que le tigre chercha à attaquer, le cerf ne put être surpris. Ces animaux restèrent si longtemps sur la défensive, que l'on fut obligé d'exciter le tigre qui, au lieu de sauter sur le cerf, franchit le filet, courut vers la forêt voisine, aux cris de terreur des spectateurs effrayés de se voir si près d'un tel ennemi.

LE RENNE.

Le renne est devenu domestique chez le dernier des peuples : les Lapons n'ont pas d'autre

bétail. La hauteur de ce quadrupède est, en général, de 1 mètre 50 centimètres. La couleur de
son poil est, sur le corps, d'un brun foncé, et sur
le cou, d'un brun mélangé de blanc ; mais, à mesure que l'animal prend de l'âge, il devient
d'une teinte grisâtre. L'espace qui sépare les
yeux est toujours noir: une grosse touffe de poil
pend à sa poitrine, près de la gorge ; les sabots
sont fort larges, très-profondément fendus et
très-longs, ce qui lui permet de marcher sur la
neige et l'empêche de s'y enfoncer trop pro-
fondément. Cet animal a, par-dessus ses paupiè-
res, une espèce de membrane qui lui permet de
voir les objets, et sans laquelle il serait obligé
de fermer entièrement les yeux quand il tombe
de la neige à gros flocons.

Ce quadrupède remplace, chez les habitants
de la Laponie, le cheval, la vache, la chèvre
et la brebis : on peut dire qu'il constitue leur
seule et véritable richesse. Son lait leur procure
du fromage ; sa chair, une nourriture plus
substantielle ; sa peau, des vêtements ; ses nerfs,
des cordes pour leurs arcs et du fil ; ses cornes,
de la glu, et ses os, des cuillers. L'hiver, le renne

leur tient lieu de cheval, parce qu'on l'attelle à des traîneaux qu'il tire sur les rivières, sur les étangs glacés ou sur la neige, avec une vélocité étonnante.

Dans l'automne, les rennes cherchent les montagnes les plus élevées pour se soustraire aux piqûres d'un insecte nommé le *taon de Laponie*. L'été, ils se nourrissent d'une infinité de plantes ; mais l'hiver ils broutent un végétal qu'ils déterrent adroitement de dessous la neige. Les rennes jettent leurs bois tous les ans ; les rudiments de nouvelles cornes sont d'abord couverts d'une espèce de membrane laineuse aussi douce que le velours.

Il est généralement reconnu qu'un Lapon, avec une paire de rennes attelés à son traîneau, peut parcourir jusqu'à 120 kilomètres en un jour ; ce traîneau du Lapon est extrêmement léger, et a, en quelque sorte, la forme d'un bateau, muni d'un dossier contre lequel s'appuie celui qui le monte ; son fond est convexe, et, pour l'empêcher de chavirer, le guide est obligé de le maintenir dans un parfait équilibre avec son corps et avec ses mains. Le Lapon s'acquitte de cette tàche avec beaucoup de dextérité aidé de son bàton dont le bout est aplati, il éloigne facilement les pierres et les obstacles qu'il rencontre sur son chemin. On excite les rennes à la course avec un aiguillon, et on les encourage pour l'ordinaire en chantant des airs patriotiques.

Les Samoyèdes font souvent des parties de chasse pour tuer ces utiles animaux. Lorsqu'ils en aperçoivent un troupeau, ils placent contre le vent, dans une plaine, les rennes privés qu'ils ont amenés avec eux. Depuis cet endroit jusqu'à la distance à laquelle ils peuvent s'avancer sans crainte, ils plantent dans la neige, à de certains intervalles, de longs bâtons, à l'extrémité desquels est attachée une aile d'oie qui flotte au gré du vent. Cela fait, ils enfoncent parallèlement dans la neige, sous le vent, de semblables bâtons munis d'ailes comme les premiers, pendant que les rennes, qui ne s'occupent que de chercher leur nourriture, ne voient rien de ces préparatifs. Après ces dispositions, les chasseurs se séparent; quelques-uns se cachent derrière ces retranchements ailés, tandis que d'autres, placés à une distance plus éloignée, forcent, par une marche circulaire, le gibier à passer devant ces effrayantes envergures. Intimidés par un spectacle aussi extraordinaire, les rennes sauvages accourent aussitôt vers les rennes privés qui sont à côté de leurs traîneaux ; mais ils sont épouvantés par les chasseurs en embuscade, qui les forcent d'aller du côté de leurs camarades : ceux-ci, munis de différentes armes, font un cruel ravage dans le troupeau.

LA CHÈVRE.

Cet animal est vif, pétulant, courageux et approprié, sous tous les rapports, à une vie de liberté. « L'inconséquence de son naturel, dit Buffon, se marque par la légèreté de ses actions : elle marche, elle s'arrête, elle court, elle bondit, elle saute, elle s'approche, s'éloigne, se montre, se cache, ou fuit comme par caprice, et cela sans cause déterminante. »

Elle préfère les friches ou les terrains buissonneux aux plaines et aux prairies les plus fertiles ; elle se plaît à grimper sur les monts les plus escarpés, sur les bords des précipices les plus effrayants, sur des rochers qui dominent la mer : là, au bruit des flots écumants, elle dort en parfaite sécurité. Ses sabots, creux en dessous et munis de bords fort tranchants, la rendent capable de marcher aussi sûrement sur les rochers à pente escarpée, que sur les terrains unis.

La chèvre peut vivre dix ou douze ans, fournit du lait en abondance, plus facile à digérer que celui de la vache ; on en fait de bons fromages, mais point de beurre ; son poil sert à faire de très-bonnes étoffes, et tout le monde connaît ces châles merveilleux qui sont faits de poil de chèvre du Thibet. Sa peau vaut mieux que celle du mouton ; la chair du chevreau approche de celle de l'agneau. La chèvre sert quelquefois de nourrice aux enfants, alors la tendresse qu'elle doit naturellement avoir pour ses chevreaux retombe sur son petit nourrisson. A l'approche de son fils adoptif elle témoigne sa joie par ses sauts et ses bonds. Elle sait ce qu'il attend d'elle, et se prête de bonne grâce à sa faiblesse et à ses besoins.

Ces animaux s'attachent facilement à l'homme, et deviennent même importuns. En 1698, un vaisseau anglais ayant relâché à l'île de Bona-Vista, deux nègres se présentèrent, et offrirent gratis aux Anglais autant de chèvres qu'ils en voudraient. A l'étonnement que le capitaine marqua de cette offre, les nègres répondirent qu'il n'y avait que douze personnes dans toute l'île ; que ces animaux s'y étaient multipliés jusqu'à devenir incommodes, et que loin de donner beaucoup de peine à les prendre, ils suivaient les hommes avec une sorte d'obstination comme les animaux domestiques.

LA BREBIS.

La brebis, dit avec justesse un naturaliste, à raison de ses besoins, de son naturel et de son utilité, est l'animal qui semble être inséparable de l'homme : les mille soins qu'il a pour elle sont amplement payés par les avantages qu'il en retire : c'est pour cette raison que la brebis tient un des premiers rangs parmi les animaux domestiques.

Cet animal est d'un naturel singulièrement doux, et montre moins de vivacité que les autres quadrupèdes.

Ses variétés sont si nombreuses, qu'il n'existe pas deux contrées qui produisent des brebis exactement de la même espèce, et l'on remar-

que toujours une différence sensible dans chaque race, du côté de la taille, de la grosseur, de
la toison ou des cornes.

Dans les vastes champs situés sur des montagnes où de nombreux troupeaux de brebis
errent en liberté, et en général sous la protec-
tion du berger, elles montrent des dispositions
absolument différentes : on a vu des béliers
attaquer les chiens et sortir victorieux du
combat ; lorsque le danger est plus pressant,
les moutons ont recours à la force collective
du troupeau, et forment, par leur réunion, une
masse compacte qui présente de tous les côtés
un front impénétrable, et qui ne peut être attaqué, sans le plus grand danger, par l'assaillant.

On a encore remarqué qu'il est peu de quadrupèdes qui montrent plus de sagacité que les
brebis, dans le choix de leur nourriture ; la
finesse de leur prévoyance à l'approche de
l'orage n'est pas moins remarquable.

Dans les contrées montueuses du pays de Gal-
les, les moutons jouissent d'une si grande liberté, qu'ils en deviennent sauvages, et alors ils ne
se réunissent jamais en grands troupeaux ; mais

ils paissent ordinairement par parties de huit,
dix ou douze, dont l'un, se tenant à une certaine distance, reste pour faire le guet et aver-
tir les autres au moindre danger. Lorsque
cette sentinelle voit quelqu'un approcher à quelques centaines de pas, elle le regarde et le
laisse avancer; mais, si l'ennemi s'approche
trop, le garde surveillant avertit ses compagnons par un fort sifflement qu'il répète deux ou
trois fois : à ce signal, la petite troupe s'enfuit
avec une vitesse inconcevable, et gagne aussitôt
la partie la plus inaccessible des montagnes.

LE COCHON.

Ce quadrupède est, en général, un être innocent, et il ne se repaît que d'animaux privés de

la vie, ou qui ne sont capables d'aucune résistance ; il fait en grande partie sa nourriture de
végétaux, mange la chair la plus putride ; on
lui croit cependant l'appétit plus glouton qu'il
ne l'a réellement. Quelque concentré dans lui-
même, quelque indocile, quelque vorace qu'on
le suppose, aucun animal n'a plus de sympathie
pour les êtres de son espèce : du moment qu'un
cochon donne un signal de détresse, tous ceux
dont il est entendu volent à son secours ; on a
vu de ces animaux se réunir autour d'un chien
qui harcelait un de leurs compagnons, et le tuer
sur le lieu même.

Les formes de cet animal sont très-soigneu-
sement assorties au genre de vie qu'il doit
mener : comme il ne peut se procurer sa subsis-
tance qu'en retournant la terre avec son grouin,
il a le cou fort et membru, les yeux petits et
placés très-haut dans la tête, le museau long et
calleux et le sens de l'odorat exquis.

On voit souvent dans l'île de Minorque un
cochon, une truie et deux chevaux attelés ensemble, et de ces animaux la truie est celui
qui tire le mieux ; l'âne et le verrat sont aussi,
suivant la nature du terrain, attachés à la même

charrue pour labourer la terre. Dans quelques contrées de l'Italie, on emploie les cochons à chercher les truffes qui croissent à quelques pouces de la superficie : on attache une corde à la jambe de l'animal, puis on le conduit dans des pâturages ; et partout où il s'arrête et se met à fouiller avec son boutoir, on est sûr de trouver ce tubercule.

Les différents cochons savants que l'on a fait voir offrent la preuve incontestable que ces animaux ne sont pas dépourvus d'un certain degré de sagacité naturelle. Voici un exemple qui confirmera cette vérité.

Un garde-chasse dressa une truie noire à quêter le gibier et à le tenir en arrêt. Hut (c'est le nom qu'il lui donnait) avait le nez aussi fin que le meilleur chien couchant. Après la mort du garde-chasse, cette truie fut vendue pour une somme considérable.

Le vent paraît avoir la plus grande influence sur ce quadrupède ; toutes les fois qu'il souffle avec violence, il se montre très-agité et court à son toit en poussant quelquefois des cris aigus et perçants.

Les cochons vivent un temps considérable, et

souvent même de vingt-cinq à trente ans ; leur chair, quoique très-nourrissante à raison de ce qu'elle ne se digère pas aussi facilement que celle des autres animaux, passe pour être malsaine, surtout pour des personnes qui mènent une vie sédentaire.

Il existe, dans l'île de **Sumatra**, une variété de cochons d'une **couleur grise qui**, à de certaines époques de l'année, nagent en troupeaux d'un côté à l'autre de **la rivière Siak**, dont la largeur est de plus de quatre kilomètres. Ils font cette traversée par de petites îles en nageant de l'une à l'autre : dans ces circonstances, ces animaux sont ordinairement poursuivis par une tribu de Malais distincte de toutes les autres. On prétend que ces hommes découvrent les cochons à leur odeur, longtemps avant de les voir, et que, lorsqu'ils l'ont éventée, ils préparent leurs bateaux, en ayant soin, auparavant, d'envoyer leurs chiens, qui sont dressés à cette espèce de chasse. Dans ce passage, les verrats ouvrent la marche et sont suivis des femelles et des petits qui nagent tous sur la même ligne, les uns appuyant leur grouin sur la croupe de ceux qui les précèdent. Ces animaux, en nageant ainsi appuyés les uns sur les autres, offrent un spectacle très-singulier.

LE SANGLIER.

Ce quadrupède, d'où viennent toutes les variétés du cochon, est beaucoup plus petit que ce dernier, et ne varie pas, comme lui, dans sa couleur qui est toujours d'un gris mélangé, tirant sur le noir ; son museau est toujours plus long que celui du cochon ordinaire, et il a les oreilles courtes, rondes et noires ; chacune de ses mâchoires est ornée de terribles défenses, avec lesquelles il fouille la terre pour chercher des racines, et fait des dégâts considérables dans les terrains cultivés ; il s'en sert aussi pour agir offensivement contre ses ennemis, et leur fait quelquefois de grandes blessures.

Les sangliers ne sont pas, à proprement parler, des animaux solitaires ni des animaux qui vivent en troupes ; les trois premières années, les petits suivent leurs mères et réunissent leurs efforts contre l'attaque des loups et de toute autre bête féroce. C'est de cette réunion que dépend la sûreté de ces quadrupèdes, quand ils sont jeunes ; car, dès qu'ils sont poursuivis, ils se prètent un secours mutuel : les plus robustes forment un cercle et font tête au danger, les plus faibles se placent au centre. Cependant, lorsque le sanglier a pris de la croissance, il erre seul dans les forêts sans paraître éprouver la moindre crainte ; il ne cherche pas le danger, mais il ne paraît pas non plus l'éviter.

La chasse de ce quadrupède est dangereuse ; mais elle n'en fait pas moins l'amusement d'un grand nombre de riches. Les chiens employés pour cette chasse sont d'une espèce lourde et pesante ; ceux dont on se sert pour le cerf ou pour le chevreuil atteindraient trop promptement leur proie, et, au lieu d'une chasse, on n'aurait qu'un combat. Le sanglier ne fuit pas loin, il se laisse chasser de près et n'a pas grand' peur des chiens ; il s'arrête souvent pour les attendre ainsi que pour les charger ; mais ces animaux, connaissant le danger de l'approcher de trop près, se tiennent loin et aboient après lui. Le sanglier, enfin excédé de fatigue, fait halte et discontinue d'avancer ; les chiens alors cherchent à l'attaquer par derrière : cette témérité coûte la vie à plusieurs d'entre eux, et les autres se tiennent toujours éloignés jusqu'à l'arrivée des chasseurs qui le percent à coups de lances ou autrement.

Ce quadrupède se trouve dans presque toutes les parties de l'Europe et de l'Asie, ainsi que dans quelques contrées de l'Afrique. Il paraît qu'autrefois l'Angleterre était le pays natal de cet animal. Un fameux législateur de ce pays permettait à son grand-veneur de chasser le sanglier depuis la mi-novembre jusqu'au commencement d'avril. Guillaume le Conquérant punissait de la perte de la vue ceux qui étaient convaincus d'avoir tué des sangliers dans ses forêts.

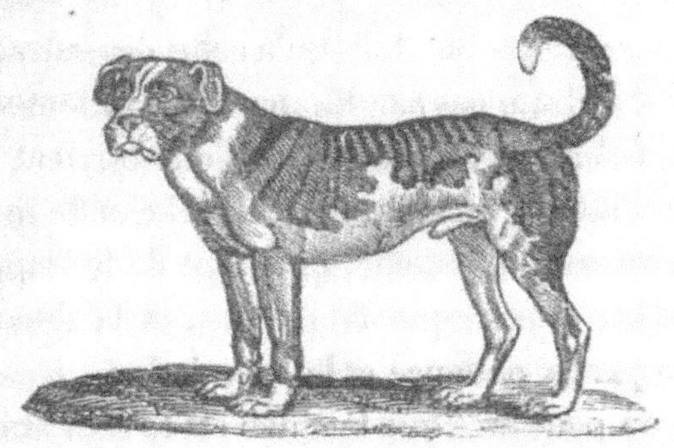

LE CHIEN.

Le chien, indépendamment de la beauté de
la forme, de la vivacité, de la force, de la légèreté, a par excellence toutes les qualités inté-
rieures qui peuvent lui attirer les regards de
l'homme. Un naturel ardent, colère, même
féroce ou sanguinaire rend le chien sauvage
redoutable à tous les animaux, et cède dans le
chien domestique aux sentiments les plus doux,
au plaisir de s'attacher, au désir de plaire; il
vient en rempant mettre aux pieds de son maître son courage, sa force, ses talents; il attend
ses ordres pour en faire usage; il le consulte,
il l'interroge, il le supplie; un coup d'œil suffit,

il entend les signes de sa volonté. Plus sensible au souvenir des bienfaits qu'à celui des outrages, il ne se rebute pas par les mauvais traitements : il les subit, les oublie ou ne s'en souvient que pour s'attacher davantage ; il lèche cette main, instrument de douleur, qui vient de le frapper, il ne lui oppose que la plainte, et la désarme enfin par la patience et la soumission.

L'on peut dire que le chien est le seul animal dont la fidélité soit à l'épreuve ; le seul qui connaisse toujours son maître et les amis de la maison ; le seul qui, lorsqu'il arrive un inconnu, s'en aperçoive ; le seul qui entende son nom et qui reconnaisse la voix domestique ; le seul qui, lorsqu'il a perdu son maître, et qu'il ne peut le retrouver, l'appelle par ses gémissements ; le seul qui, dans un voyage long, qu'il n'aura fait qu'une fois, se souvienne du chemin et retrouve la route ; le seul enfin dont les talents naturels soient évidents et toujours heureux.

Nous nous contenterons de cette page sublime de Buffon, et, sans nous étendre davantage sur la description de cet intéressant animal, nous citerons des faits qui confirment

parfaitement les assertions avancées par ce premier peintre de la nature.

Plutarque nous apprend qu'il fut témoin à
Rome de l'étonnante docilité d'un chien qui
appartenait à un homme chargé alors de la con-
duite d'une espèce de comédie. Parmi les différents rôles à jouer était celui d'un personnage
qui devait prendre un poison soporatif, tomber,
lorsqu'il l'aurait bu, dans une espèce d'assou-
pissement, et contrefaire les mouvements d'une
personne qui meurt. Un chien fut formé à ce
rôle; dans la représentation, au moment fixé, il
prit un morceau de pain qu'il trempa dans
une boisson, et, après l'avoir mangé, fit sem-
blant d'être pris d'un tremblement universel,
suivi de vertiges et de convulsions; s'étendant
ensuite par terre, il y prit l'attitude d'un être
privé de la vie, parut vouloir se prêter à ce
qu'on le traînât hors de l'endroit où il était, et
qu'on le transportât dans le lieu destiné aux
sépultures, comme le sujet de la comédie l'exi-
geait. Ensuite il se releva au temps convenable
et revint prendre son rôle.

Un berger d'Ecosse emmena un jour un de

ses enfants sur les montagnes voisines de sa
demeure ; arrivé au pied de l'une d'elles, il
voulut la gravir, mais il comprit que son fils,
âgé seulement de cinq ou six ans, ne pourrait
le suivre, c'est pourquoi il le laissa et lui
recommanda de l'attendre, sans s'éloigner, et
obligea son chien de rester auprès de son jeune
maître. L'enfant oublia bientôt l'ordre de son
père et par malheur roula dans un précipice ;
le chien fidèle y descendit malgré les difficultés.
Le père revint enfin de son excursion, et fut fort
surpris de ne plus trouver son enfant ; après
des recherches infructueuses, tout consterné,
il regagna sa maison ; le lendemain et les jours
suivants il chercha l'enfant, mais tout fut
inutile ; seulement on s'aperçut que le chien
venait chaque jour à une certaine heure et qu'a-
près avoir reçu son morceau de pain accoutumé,
il repartait. On résolut de le suivre ; alors on
s'aperçut qu'il descendait dans un antre profond ; le père descendit aussi, mais, ô surprise
heureuse ! il retrouva son enfant plein de vie.
Le chien lui apportait chaque jour le morceau de pain qu'il recevait, et ne le quittait que

pour aller en chercher un autre qu'il lui apportait encore.

Un individu, allant à la chasse, traversait une rivière sur la glace ; mais malheureusement la glace fonça et notre chasseur tomba dans l'eau ; cependant son fusil, qu'il tenait toujours, étant tombé de travers, l'empêcha de s'enfoncer, et malgré tous ses efforts il ne put en sortir. Son chien, après avoir fait des efforts inutiles pour sauver son maître, courut au hameau voisin, et saisit par l'habit le premier passant qu'il rencontra. Cet homme effrayé voulut se dégager de l'animal et le frapper ; mais le chien le regarda d'un air si touchant et si expressif, il le tira par son habit avec une si douce violence, que l'homme commença à croire à quelque chose d'extraordinaire ; il se laissa conduire par l'animal, qui le mena assez à temps sur les bords de la rivière pour sauver son maître.

LE CHAT.

Le chat est un domestique infidèle, qu'on ne garde que par nécessité, pour l'opposer à un autre ennemi domestique encore plus incommode et qu'on ne peut chasser; car nous ne comptons pas les gens qui, ayant du goût pour toutes les bêtes, n'élèvent des chats que pour s'en amuser; l'un est l'usage, l'autre l'abus; et, quoique ces animaux, surtout quand ils sont jeunes, aient de la gentillesse, ils ont en même temps une malice innée, un caractère faux, un naturel pervers, que l'âge augmente encore, et que l'éducation ne fait que masquer. De voleurs déterminés, ils deviennent seulement, lorsqu'ils sont bien élevés, souples et flatteurs comme les fripons ; ils ont la même adresse, la même subtilité, le même goût pour le mal, le même penchant à la petite rapine ; comme eux, ils savent couvrir leur marche, dissimuler leur dessein, épier les occasions, attendre, choisir, saisir l'instant de faire leur coup, se dérober ensuite au châtiment, fuir et demeurer éloignés jusqu'à ce qu'on les rappelle.

Ils n'ont que l'apparence de l'attachement : on le voit à leurs mouvements obliques, à leurs yeux équivoques ; ils ne regardent jamais en face la personne aimée. Bien différent du chien, dont tous les sentiments se rapportent à la personne de son maître, le chat paraît n'aimer que sous condition, ne se prêter au commerce que pour en abuser.

La forme du corps et le tempérament sont d'accord avec le naturel ; le chat est joli, léger, adroit et propre ; il aime ses aises, il cherche les meubles les plus mollets pour s'y reposer et s'ébattre...

Les jeunes chats sont gais, vifs, jolis, et seraient aussi très-propres à amuser les enfants, si les coups de patte n'étaient pas à craindre ; mais leur badinage, quoique toujours agréable et léger, n'est jamais innocent, et bientôt il se tourne en malice habituelle ; et comme ils ne peuvent exercer ces talents avec quelque avantage que sur les plus petits animaux, ils se mettent à l'affût près d'une cage, ils épient les oiseaux, les souris, les rats, et deviennent d'eux-mêmes, et sans y être dressés, plus habiles à la chasse que les chiens les mieux instruits.

Voici quelques anecdotes relatives à cet intéressant quadrupède. Un révolté anglais ayant été enfermé à la Tour de Londres, fut un soir fort étonné de la visite de son chat qui pénétra jusqu'à lui en descendant par la cheminée de son appartement.

Un homme, dit un auteur, avait un chat et un chien qui, ne pouvant s'accorder ensemble, se livraient de temps à autre de violents combats, dans lesquels le chien finit par remporter une victoire si complète, que le chat fut obligé de s'enfuir. Au bout de quelques mois, le chien mourut dans la cour ; on vit alors le chat observer d'un toit voisin les mouvements de différentes personnes qui étaient venues le voir, et, quand tout le monde fut retiré, il descendit de son toit, et se glissa avec précaution auprès du chien ; il hasarda même de s'en approcher, et, après l'avoir touché à plusieurs reprises, il parut convaincu que son ancien antagoniste ne pourrait plus l'insulter. Depuis il revint à ses anciennes habitudes et à sa première résidence.

Un chat fréquentait un cabinet dont la porte fermait à un loquet ordinaire, une fenêtre était située près de cette porte, et, quand celle-ci était close, l'animal ne s'embarrassait nullement, car aussitôt qu'il s'ennuyait de se voir enfermé, il montait sur l'embrasure de la fenêtre, et, avec ses pattes, levait doucement le loquet et s'en allait.

On a vu très-souvent des chats revenir de leur propre mouvement, de l'endroit où ils avaient été transportés, quoiqu'à la distance de huit à dix kilomètres, et même traverser des rivières, sans avoir pu acquérir aucune connaissance du chemin qu'ils suivaient.

Il n'est pas d'expérience plus amusante que

celle de placer un chat pour la première fois
devant un miroir ; l'animal surpris et content
de sa ressemblance, fait différentes tentatives
pour toucher à ce nouvel objet ; enfin voyant
que les efforts sont inutiles, il regarde derrière
le miroir, et paraît singulièrement étonné de
l'absence de la figure ; il se considère de nouveau et cherche à palper l'image avec ses pieds,
regardant toujours par intervalles derrière la
glace ; il devient ensuite plus scrupuleux dans
ses observations, et se met à faire des expérien-
ces en étendant ses pattes en différents sens, et
lorsqu'il voit que les mouvements sont fidèle-
ment répondus par la figure qui est dans le
miroir, il paraît enfin convaincu de la véritable
nature de l'objet qui l'occupe.

LE LIÈVRE.

Cet animal, timide et sans méchanceté, se trouve dans toutes les parties septentrionales du globe ; et il est si généralement connu, que nous nous dispenserons d'en donner ici une description particulière. Il est dépourvu de tout moyen de défense : aussi, la nature lui a-t-elle donné des yeux qui le mettent à même d'apercevoir les objets de tous côtés ; des oreilles longues et tubulées qui peuvent se mouvoir en tous les sens avec beaucoup de facilité et accueillir les sons les plus éloignés ; enfin, une force extraordinaire dans ses pattes de derrière, qui lui donne le moyen de devancer tous ses ennemis. La cou-

leur de son poil, qui ressemble à celle du chau-
me ou d'un terrain en friche, contribue évi-
demment aussi à sa sûreté. On assure que dans
le Nord ils deviennent d'une blancheur éclatante quand les neiges commencent à tomber.

Les lièvres se tiennent le plus souvent en
rase campagne, et le soir, quand il fait clair de
lune, c'est un plaisir de les voir jouer, courir,
folâtrer ensemble et se poursuivre les uns les
autres ; mais ils prennent facilement l'alarme,
et, au moindre bruit, ils fuient de différents
côtés.

En général les lièvres se nourrissent le soir
et se tiennent au gîte pendant le jour ; l'hiver
leur instinct les porte à chercher un gîte exposé
au midi ; en été, quand ils sont incommodés par
les ardeurs du soleil, ils ont soin d'en prendre
une placée au nord ; mais dans l'un ou l'autre cas,
ils ont toujours soin de choisir un endroit où
les objets qui les environnent soient de la couleur de leur poil.

Les putois, les belettes et différents oiseaux
de proie sont les ennemis naturels du lièvre ;
le chien les poursuit par instinct, et l'homme,

qui est beaucoup plus formidable pour lui que ces animaux, emploie toutes sortes de ruses pour s'emparer de ce quadrupède, qui fait les délices de sa table. Quelquefois on se sert du faucon pour le prendre, mais la manière dont cet animal s'en empare offre vraiment un spectacle affligeant, car le lièvre alors est tellement convaincu de la supériorité de son ennemi qu'il ne bouge pas de sa place, s'il n'est relancé par un levrier qui le fait lever ; et aussitôt il devient la proie du faucon.

Les Druides et les Bretons de la plus haute antiquité traitaient d'impiété l'action de manger la chair de cet animal. Les Romains cependant la regardaient comme un mets très-délicat, et elle est aujourd'hui généralement estimée par les Européens, à raison de son fumet.

Les détours que fait un lièvre, lorsqu'il est poursuivi, sont surprenants et curieux. Quand un de ces animaux a été chassé de près pendant un temps considérable, il lui arrive quelquefois d'expulser un autre lièvre de son gîte, et de prendre sa place ; s'il est poursuivi vivement, il se mêle avec des troupeaux de moutons ou grimpe sur un vieux mur, et se cache sur son faîte dans l'herbe ; ou enfin il traverse une rivière à plusieurs reprises, et à de petites distances les unes des autres.

Ces animaux sont très-doux et susceptibles d'éducation. Le docteur Townson prit tant de peine pour éduquer un très-petit levraut, qu'il réussit à le rendre plus familier que ne l'est ordinairement cet animal. Il devint si folâtre, qu'il grimpait et courait sur son sopha et sur son lit ; quelquefois, dans ses jeux, il sautait sur lui et le frappait avec ses pattes de devant, ou lorsqu'il était à lire, il lui faisait tomber son livre des mains ; mais toutes les fois qu'un étranger entrait dans l'appartement, il manifestait des signes d'alarme.

LE LAPIN.

Le lapin, quoique très-ressemblant au lièvre par la forme et le caractère, constitue une espèce distincte ; et lorsqu'on l'enferme avec le lièvre, il en résulte un combat affreux, dans lequel l'un des deux succombe.

On dit qu'un seul couple de lapins peut en produire un million et demi en quatre ou cinq années.

Leurs ennemis sont si nombreux, qu'ils empêchent que leur accroissement ne devienne nuisible à l'espèce humaine ; car les lapins, indépendamment qu'ils nous servent de nourriture, sont encore dévorés par les bêtes de proie de toute espèce. Malgré tous ces obstacles à leur propagation, ces animaux, du temps des Romains, devinrent un fléau tellement redoutable dans les îles Baléares, que les habitants furent obligés d'employer le secours de la force militaire et de se servir de furets, qui surent bientôt arrêter les progrès de cette calamité. La manière dont la mère soigne ses petits est vraiment remarquable. « Quelques jours avant de mettre bas, dit Buffon, les hases se creusent un nouveau terrier, non pas en ligne directe, mais en zigzag, au fond duquel elles s'arrachent, sous le ventre, une assez grande quantité de poils dont elles font une espèce de lit. Pendant les deux premiers jours, elles ne les quittent pas ; elles ne sortent que lorsque le besoin les presse, et reviennent dès qu'elles ont pris de la nourriture ; dans ce temps, elles mangent beaucoup et fort vite ; elles allaitent leurs petits pendant près de six semaines. Jusqu'alors le père ne les connaît pas ; il n'entre pas dans ce terrier ; mais lorsque les petits commencent à venir au bord du trou pour manger, il les prend entre ses pattes, leur lustre le poil et leur lèche les yeux ; et tous, les uns après les autres, sont également l'objet de ses soins. »

La fourrure de cet animal est la principale matière de la fabrication des chapeaux : on la mêle avec une certaine quantité de poil de castor.

—————

LE CHAMOIS.

Cet animal est à peu près de la grosseur d'une chèvre commune, à laquelle il ressemble sous tous les rapports. Sa tête est ornée de cornes noires fort grêles, hautes d'environ vingt-cinq à trente centimètres, et recourbées à leurs pointes. Il existe derrière chacune de ces cornes, à sa base, un large orifice qui pénètre dans sa peau, et dont la nature et l'usage ne paraissent pas bien déterminés. La position de ses oreilles est singulièrement gracieuse, et on admire en lui deux beaux yeux ronds qui ont du feu, et représentent la vivacité de son naturel. La couleur de sa tête est d'un fauve blanchâtre, tranché par deux bandes noires qui descendent des cornes le long des côtés de la face; il a le corps d'un fauve brunâtre, et la queue noire à sa surface supérieure.

On trouve le chamois dans les montagnes du Dauphiné, du Piémont, de la Savoie, de la Suisse et de l'Allemagne. Il choisit pour sa nourriture les parties les plus délicates des plantes, comme la fleur et les bourgeons tendres.

La vue du chamois est extrêmement pénétrante; il n'y a rien de si fin que son odorat. Quand il voit un homme distinctement, il le fixe pour un instant, et, s'il en est près, il s'enfuit. Il a l'ouïe aussi fine que l'odorat, car il entend le moindre bruit; quand le vent souffle un peu, et que ce vent vient du côté d'un homme à lui, il le sent de plus de deux kilomètres. Quand il sent ou entend quelque chose, et qu'il ne peut pas en faire la découverte par les yeux, il se met à siffler avec tant de force que les rochers et les forêts en retentissent.

Les chamois parcourent les montagnes ; les chiens ne peuvent les suivre dans les précipices ; il n'y a rien de si admirable que de les voir monter et descendre des rochers inaccessibles ; ils ne montent ni ne descendent perpendiculairement, mais en décrivant une ligne oblique et en se jetant en travers, surtout en descendant ; ils sautent de plus de huit ou dix mètres, sans qu'ils aient la moindre place pour poser ou retenir leurs pieds ; en un mot, il paraît, à les voir sauter de rochers en rochers, qu'ils ont plutôt des ailes que des pieds.

La chasse au chamois est très-pénible et extrêmement difficile ; celle qui est la plus en usage est de les tirer, en les surprenant à la faveur de quelques éminences, de quelques rochers ou de quelques pierres, en se glissant adroitement derrière et sans bruit, en examinant encore si le vent n'y sera pas contraire.

Cet animal a une très-grande ressemblance avec le renard ; mais il a la tête plus courte, le nez moins pointu et les jambes plus longues. Il a le poil long et dur, d'une couleur fauve mêlée de blanc sur le dos et jaunâtre sous le ventre. Les mœurs du chacal ont beaucoup d'analogie avec celles du chien ; quand il a été pris jeune, on le fait passer facilement à l'état de domesticité ; il s'attache à l'homme et distingue son maître de toute autre personne. Il aime à être caressé ; si on l'appelle par son nom, il en témoigne de la joie ; il mange dans la main et manifeste de mille manières son contentement.

Ces animaux, dans l'état sauvage, dit Buffon, se font redouter des plus puissants par le nom-

bre ; ils attaquent toute espèce de volaille, presque à la vue des hommes ; ils entrent insolem-
ment et sans marquer de crainte dans les ber-
geries, les étables, les écuries ; et lorsqu'ils n'y
trouvent pas autre chose, ils dévorent le cuir
des harnais, des bottes, des souliers, et empor-
tent les lanières qu'ils n'ont pas eu le temps
d'avaler. Faute de proie vivante, ils déterrent
les cadavres des animaux et des hommes ; on
est obligé de battre la terre sur les sépultures
pour les empêcher de la creuser ; car une épaisseur de plus d'un mètre ne les arrête pas. Ils
travaillent plusieurs ensemble ; ils accompa-
gnent de cris lugubres ces exhumations ; et
lorsqu'ils sont une fois accoutumés aux cadavres, ils ne cessent de courir les cimetières, de
suivre les armées, de s'attacher aux caravanes.
Ce sont les corbeaux des quadrupèdes.

Dans le jour, ils gardent le silence ; mais la
nuit, ils poussent des hurlements effroyables,
et lorsqu'un chacal a commencé à hurler, il est
imité de toute la bande. Les animaux des forêts
sont réveillés par ces cris, et les lions, ainsi que
toutes les bêtes féroces, les écoutent par une

espèce d'instinct comme le signal de la chasse , et s'emparent de tous les animaux timides auxquels ce bruit fait prendre la fuite. C'est à raison de cette circonstance que cet animal a obtenu le titre de pourvoyeur du lion.

Ces quadrupèdes existent dans tous les climats tempérés de l'Asie, et dans la plupart des contrées de l'Afrique, depuis la Barbarie jusqu'au cap de Bonne-Espérance.

L'ÉCUREUIL.

L'écureuil est un joli petit animal qui n'est qu'à demi sauvage, et qui, par sa gentillesse, par sa docilité, par l'innocence même de ses mœurs, mérite même d'être épargné. Il n'est ni carnassier ni nuisible, quoiqu'il saisisse quelquefois les oiseaux ; sa nourriture ordinaire sont des fruits, des amandes, des noisettes, de la faîne et du gland. Il est propre, leste, vif, très-alerte, très-éveillé, très-industrieux ; il a les yeux pleins de feu, la physionomie fine, le corps nerveux, les membres très-dispos : sa jolie figure est rehaussée, parée, par une belle queue en forme de panache, qu'il relève jusque dessus sa tête, et sous laquelle il se met à l'ombre. Il est pour ainsi dire moins quadrupède que les autres : il se tient ordinairement assis, presque debout et se sert de ses pieds de devant comme d'une main pour porter à sa bouche. Au lieu de se cacher sous terre, il est toujours en l'air : il approche des oiseaux par sa légèreté ; il demeure comme eux sur la cime des arbres, parcourt les forêts en sautant de l'un à l'autre, y fait son nid, cueille les graines, boit la rosée, et ne descend à terre que quand les arbres sont agités par la violence des vents. On ne le trouve point dans les champs, dans les lieux découverts, dans les pays de plaine ; il n'approche jamais des habitations, il ne reste point dans les taillis, mais dans les bois de hauteur. Il craint l'eau, plus encore que la terre, et l'on assure que, lorsqu'il faut la passer, il se sert d'une écorce pour vaisseau et de sa queue pour voile et pour gouvernail.

Il est en tous temps très-éveillé, et pour peu que l'on touche au pied de l'arbre sur lequel il repose, il sort de sa petite bauge, fuit sur un autre arbre, ou se cache à l'abri d'une branche.

Il ramasse des noisettes pendant l'été, et en remplit les troncs, les fentes des vieux arbres, et a recours en hiver à la provision.

Il a la voix éclatante, et plus perçante encore que celle de la fouine ; il a de plus un murmure à bouche fermée, un petit grognement de mécontentement qu'il fait entendre toutes les fois qu'on l'irrite. Il est trop léger pour marcher ; il va ordinairement par petits sauts et quelquefois par bonds, il a les onglés si pointus et les mouvements si prompts, qu'il grimpe en un instant sur un hêtre dont l'écorce est fort lisse.

LE LION.

Le lion a la figure imposante, le regard assuré, la démarche fière, la voix terrible. Sa taille n'est point excessive comme celle de l'éléphant ou du rhinocéros; elle n'est ni lourde comme celle de l'hippopotame ou du bœuf, ni trop ramassée comme celle de l'hyène ou de l'ours, ni trop allongée ni déformée par des inégalités comme celle du chameau; mais elle est au contraire si bien prise et si bien proportionnée, que le corps du lion paraît être le modèle de la force jointe à l'agilité. Aussi solide que nerveux, n'étant chargé ni de chair ni de graisse, et ne contenant rien de surabondant, il est tout nerf et muscle. La taille du lion varie; elle est d'environ trois mètres depuis le mufle jusqu'à l'extrémité de la queue, qui elle-même a plus d'un mètre; la tête est couverte d'un poil long et touffu qui forme ce qu'on appelle sa crinière; mais sur le reste du corps son poil est ras et lisse; la couleur générale de ce pelage est fauve sur le dos, blanchâtre sur les côtés et sur le devant.

La lionne est d'un quart environ plus petite que le lion et dépourvue de cette crinière qui constitue si sensiblement l'extérieur majestueux du mâle.

Le rugissement du lion est si fort, que, quand il se fait entendre par échos, la nuit dans les déserts, il ressemble au bruit du tonnerre : ce rugissement est sa voix ordinaire. Le cri qu'il fait lorsqu'il est en colère est encore plus terrible, alors il se bat les flancs de sa queue, il en bat la terre, il agite sa crinière, fait mouvoir la peau de sa face, remue ses gros sourcils, montre des dents menaçantes, et tire une langue armée de pointes si dures, qu'elle suffit seule pour écorcher la peau. Lorsqu'il est en colère, la mort est certaine pour tout ce qui l'approche; mais lorsque sa crinière et sa queue sont tranquilles, et qu'il est d'une humeur calme, les voyageurs peuvent passer à côté de lui en toute sûreté. Le lion ne chasse que de l'œil, parce qu'il n'a pas l'odorat excellent. C'est à cela que le fameux voyageur Mongoparck dut son salut. Un jour qu'il traversait un désert de l'Afrique, il aperçut un énorme lion étendu sur le sable, reposant son mufle sur ses pattes allongées et dormant à l'ardeur du soleil, les yeux à demi ouverts : quoiqu'il fût très-effrayé de cette rencontre, il eut cependant la précaution de se détourner et de se retirer en arrière pour se cacher dans les buissons et il en fut quitte pour la peur.

Le lion, avec un seul coup de patte, peut casser les reins d'un cheval, et d'un coup de queue il renverse l'homme le plus fort. On a vu au cap de Bonne-Espérance un lion prendre dans sa gueule un veau, le porter avec la même facilité qu'un chat porte une souris, et franchir un fossé très-large avec beaucoup d'aisance, quoique tenant toujours le veau entre ses dents.

Voici un autre trait, arrivé dans le même pays, qui prouve encore mieux la force du lion

Un Hollandais et plusieurs naturels, faisant une partie de chasse, aperçurent un lion qui traînait un buffle, d'une plaine, vers un bois situé sur une montagne voisine. Ils l'obligèrent bientôt à quitter sa proie, dans le dessein de s'en emparer, et reconnurent que le lion avait enlevé les entrailles du buffle pour l'emporter plus facilement. Aussitôt que le lion vit, de la lisière du bois où il se tenait blotti, que l'on avait commencé à emporter sa proie, il lança quelque coups d'œil à ses ennemis et poussa quelques rugissements, mais ne fit aucune démarche pour les inquiéter.

LE TIGRE.

Le tigre trop long de corps, trop bas sur ses jambes, la tête nue, les yeux hagards, la langue

couleur de sang, toujours hors de la gueule, n'a
que le caractère de la basse méchanceté et de
l'insatiable cruauté; il n'a pour tout instinct
qu'une rage constante, une fureur aveugle qui
ne connaît rien, qui ne distingue rien, et qui
lui fait souvent dévorer ses propres enfants, et
déchirer leur mère lorsqu'elle veut les défendre.
Son museau court, ses mâchoires armées de
dents énormes et tranchantes, donnent à sa
gueule une force prodigieuse; sa langue est
couverte d'épines recourbées du côté de la
gorge, de manière à lui donner la faculté d'enlever des lambeaux de peau d'un seul coup; ses
pattes sont munies d'ongles puissants qui se
dressent et se cachent entre les doigts dans
l'état de repos, et ne perdent jamais leur pointe
ni leur tranchant. Son pelage est d'un jaune
vif en dessus, d'un blanc pur en dessous, par-
tant irrégulièrement rayé de noir en travers,
ce qui les distingue très-bien de toutes les
grandes espèces de chats.

Les plus grands ont trois mètres vingt-cinq
centimètres à trois mètres cinquante centimètres de longueur, du museau à l'extrémité de la

queue. Sa force est si grande, qu'il entraîne un cheval, un buffle, avec tant de légèreté, que sa course paraît à peine ralentie. On l'a vu se précipiter au milieu d'une troupe d'hommes armés, d'un seul bond se jeter sur un cavalier, l'enlever de sa selle et l'emporter au milieu des forêts sans qu'on ait eu presque le temps de le voir. Ni la force, ni la contrainte, ni la violence ne peuvent le dompter; les caresses ne l'adoucissent point. Il rugit comme le lion, mais d'une voix rauque et entrecoupée; il fait mouvoir la peau de sa face, grince les dents, frémit et épouvante tout ce qui l'entoure avant de donner la mort. Rien n'est bon de lui que sa peau, recherchée en Asie, assez peu estimée en Europe. On fait beaucoup de cas de celle du léopard, que les foureurs appellent *tigre*.

Heureusement pour le reste de la nature, l'espèce du tigre n'est pas nombreuse, et paraît confinée aux climats les plus chauds de l'Inde orientale, au Malabar, à Siam, au Bengale. Le tigre fréquente les bords des fleuves et des lacs; car, comme le sang ne fait que l'altérer, il a souvent besoin d'eau pour tempérer l'ardeur qui le consume, et d'ailleurs, il attend près des eaux les animaux qui y arrivent et que la chaleur du climat contraint d'y venir plusieurs fois chaque jour. C'est là qu'il choisit sa proie, ou plutôt qu'il multiplie ses massacres; car souvent il abandonne les animaux qu'il vient de mettre à mort pour en égorger d'autres; il semble qu'il cherche à goûter leur sang : il le savoure, il s'en enivre, et lorsqu'il leur fend et déchire le corps, c'est pour y plonger sa tête, et pour sucer à longs traits le sang dont il vient d'ouvrir la source, qui tarit presque toujours avant que sa soif ne s'éteigne.

Un voyageur raconte qu'une compagnie, étant assise à l'ombre de quelques arbres, sur la rive déserte d'une riviére de Bengale, fut surprise par l'apparition d'un tigre. Chacun pâlit; mais à l'instant une dame présente à la vue du redoutable animal son ombrelle ouverte. Celui-ci ne comprenant rien à cette action intrépide, bondit en arrière et s'enfuit épouvanté. Ce qui prouve qu'un peu de présence d'esprit suffit quelquefois pour éviter ce furieux animal.

Un trompette, qui dormait pendant la nuit près de la tente d'un général, dans une guerre de la Russie contre la Perse, dut aussi son salut à la présence d'esprit qu'il eut de sonner de son instrument. Le tigre, étonné de ce bruit qui lui était étranger, lâcha sa proie et disparut.

La fortune ne s'est pas cependant toujours montrée aussi favorable envers les personnes attaquées par les tigres. Des marins descendirent un jour sur la côte de l'île de Sangar pour chasser des daims. Après une longue course, ils s'assirent pour prendre quelques rafraîchissements : à peine avaient-ils commencé, qu'ils entendirent des rugissements semblables au bruit du tonnerre, et aussitôt un tigre d'une taille prodigieuse vint fondre sur un des officiers, jeune homme remarquable par ses talents, l'enlève et l'entraîne à travers d'épais buissons ; tout cédait à la force de ce monstrueux animal. Un sentiment de regret et de crainte s'empara bientôt des amis de la victime ; un d'eux déchargea son fusil sur le tigre qui manifesta quelque agitation ; un second fit encore feu, et quelques moments après le malheureux jeune homme, baigné dans son sang, put rejoindre sa compagnie. Tous les secours de l'art lui furent prodigués, mais ce fut en vain.

Un paysan des Indes orientales avait un buffle qui venait de tomber dans une mare ; tandis qu'il était allé, avec quelques gens de son village, chercher du secours, un tigre se présenta et tira du bourbier l'animal, en un instant, quoique plusieurs hommes eussent fait auparavant d'inutiles efforts pour cela. A leur retour, le premier objet qu'ils virent, fut le tigre portant le buffle sur ses épaules et s'en allant du côté de sa tanière : néanmoins, en apercevant les villageois, il laissa tomber son fardeau et s'enfuit dans les bois ; mais il avait eu la précaution auparavant de tuer le buffle et d'en sucer le sang. Il est bon de dire ici que les buffles de l'Inde sont deux fois aussi gros que ceux de nos pays ; qu'on juge après cela de la force musculaire du tigre.

On prétend que le crocodile et le tigre se font une guerre sanglante, dans laquelle ils

périssent tous les deux. Lorsque le tigre va sur
les bords d'un fleuve ou d'un lac pour se désal-
térer, le crocodile lève la tête au-dessus de la
surface de l'eau pour le saisir, comme il le fait
des autres animaux; alors le tigre fixe ses ongles dans les yeux du crocodile, seule partie de
cet animal qui soit vulnérable, et ce dernier se
plongeant aussitôt dans son élément naturel,
entraîne avec lui le tigre au fond de l'eau, où
ils trouvent la mort tous les deux.

L'HYÈNE.

L'hyène est à peu près de la grosseur d'un
chien de forte taille ; elle a le poil d'un brun

grisâtre, marqué de différentes bandes, tirant sur le noir ; sa tête est large et plate, et ses yeux ont l'expression d'une grande férocité. Cet animal a le poil du cou retroussé, et qui forme, en se hérissant, une crinière oblongue et prolongée jusque sur le dos. L'aspect général de l'hyène dénote une sombre disposition à la méchanceté, et ses mœurs s'accordent parfaitement avec cette apparence.

Les hyènes habitent, en général, les cavernes et les lieux garnis de rochers, d'où elles sortent par troupeaux, pendant la nuit, pour se nourrir de charognes ou de tous les animaux vivants dont elles peuvent s'emparer. On prétend que son courage égale sa férocité, car l'hyène se défend quelquefois avec beaucoup d'obstination.

Ces quadrupèdes sont un véritable fléau pour l'Abyssinie ; on en voit partout, dans les villes et dans les campagnes. Du matin au soir Gondar, ville capitale, est rempli d'hyènes qui viennent dévorer les cadavres que les habitants de cette ville, aussi cruels que malpropres, laissent sans sépulture. « Une nuit, dit un voyageur qui

a parcouru cette contrée, après m'être occupé
à faire des observations astronomiques, je me
jetai sur mon lit. Quelques instants s'étaient
à peine écoulés que j'entendis passer quelque
chose derrière moi près de mon lit ; je me re-
tournai et ne pus rien voir. Bientôt je sortis
de ma tente bien résolu d'y rentrer promptement. Ma pensée était bonne : j'y rentrai tout
de suite, et j'aperçus deux gros yeux bleus attachés sur moi ; je criai à mon domestique de
m'apporter de la lumière, et nous vîmes une
hyène à côté du chevet de mon lit, tenant dans
sa bouche deux ou trois paquets de chandelles.
Tirer sur cette bête, c'eût été m'exposer à bri-
ser mon quart de cercle ou quelque autre instrument : comme l'animal avait la bouche pleine,
et qu'il avait aussi les griffes embarrassées, je
n'eus pas peur de lui, et d'un coup de lance je
le frappai aussi près du cœur que je le pus.
Jusqu'alors, il n'avait pas montré le moindre
signe de fureur ; mais, dès qu'il se sentit blessé,
il laissa tomber les chandelles et chercha à re-
monter le long du fût de la lance pour arriver
jusqu'à moi ; je me vis obligé de tirer un de

mes pistolets ; presque aussitôt mon domestique lui fendit la tête d'un coup de hache.

———

LE LYNX.

Les oreilles étroites et longues du lynx, qui
sont ornées à leurs extrémités d'un pinceau de
long poil noir, le distinguent de tous les
animaux de l'espèce féline. La longueur de
son corps est de plus d'un mètre trente centimètres. Son poil est long et soyeux, il
est marqué de taches brunâtres, dont la
couleur varie suivant l'âge. Il est bas sur ses
jambes, et ses yeux sont d'un jaune sale. Sa
robe est très-estimée, à raison de ce qu'elle
est très-chaude et très-moelleuse. On tire des
fourrures de lynx en quantité considérable

des parties septentrionales de l'Amérique. Plus ces animaux sont près du Nord, plus leur pelage est beau. Il est bon de faire observer aussi que la fourrure des lynx pris en hiver est plus garnie, plus luisante et plus douce que celle qu'on obtient en été.

Le lynx, quand il poursuit sa proie, grimpe sur les arbres les plus élevés, et, ni les belettes, ni les hermines, ni les écureuils, ne peuvent lui échapper.

Il se met en embuscade pour surprendre le daim, le lièvre et d'autres animaux, et, lorsque l'occasion est favorable, il s'élance du branchage de l'arbre où il se tenait caché et les saisit à la gorge; mais après avoir sucé le sang et mangé la cervelle de sa victime, il la laisse pour aller à une nouvelle proie. Il est fort destructeur, très-altéré de carnage, et commet de grandes dévastations parmi les troupeaux.

Lorsque le lynx est attaqué par un chien, il s'étend sur le dos, se défend en désespéré avec ses griffes, et il lui arrive quelquefois, dans cette posture, de repousser son adversaire.

Le lynx habite toutes les parties septentrionales du Nouveau-Monde. On le rencontre rarement dans les pays chauds ou même dans les climats tempérés.

Des fables de toutes espèces ont été inventées par les Anciens relativement à ce quadrupède. Ils ont prétendu, par exemple, que sa vue pénétrait à travers un mur, et que son urine se changeait en une pierre précieuse ; mais ces fables sont trop absurdes pour avoir besoin d'être réfutées.

LA PANTHÈRE.

La panthère a l'air féroce, l'œil inquiet, le regard cruel, les mouvements brusques, et le cri semblable à celui d'un dogue en colère ;

elle a même la voix plus forte et plus rauque que le chien irrité. Elle a la langue rude et très-rouge, les dents fortes et pointues, les ongles aigus et durs, la peau belle, d'un fauve plus ou moins foncé, semée de taches noires arrondies en anneaux ou réunies en forme de roses, le poil court, la queue marquée de grandes taches noires au-dessus, et d'anneaux noirs et blancs vers l'extrémité. La panthère est de la taille et de la tournure d'un dogue de forte race, mais moins haute de jambes. Les oreilles de cet animal sont courtes et pointues, ses yeux hardis et inquiets. On croit qu'il est absolument impossible de le dompter. Dans l'état de captivité, il pousse des rugissements presque continuels.

La panthère se trouve principalement en Afrique, où l'espèce s'étend depuis la Barbarie jusqu'à la partie la plus reculée de la Guinée.

La panthère préfère la chair des brutes à celle de l'homme ; mais lorsqu'elle est pressée par la faim, elle attaque sans distinction toute créature qui a vie ; elle s'assure de sa proie par surprise ou en rampant sur le ventre jusqu'à ce qu'elle se trouve à portée de fondre sur elle. Elle gravit sur les arbres pour attraper les singes et les autres animaux; de sorte qu'aucun être sur la terre n'est à l'abri de ses poursuites.

Les Anciens paraissaient avoir eu une connaissance parfaite de ces animaux, et les Romains faisaient figurer un grand nombre de panthères dans leurs combats de bêtes féroces, et même dans leurs spectacles publics. Ces quadrupèdes alors étaient fort nombreux dans les parties septentrionales de l'Afrique, et ils abondent encore aujourd'hui dans les contrées de ce continent qui approchent du Tropique.

LE LÉOPARD.

Cet animal a ordinairement deux mètres dans toute sa longueur; il a un très-beau pe-

lage fauve marqué de taches noires et annelées.
On le trouve principalement au Sénégal, près
de la côte de Guinée, et dans les parties inté-
rieures de l'Afrique. Il se plaît dans les bois les
plus fourrés, dans les forêts les plus impénétrables, et fréquente les bords des rivières pour
y surprendre les animaux qui vont s'y désal-
térer.

L'apparence extérieure des léopards est ca-
ractérisée par une extrême férocité ; leurs yeux
sont toujours inquiets, leurs regards effrayants,
leurs mouvements précipités ; ils attaquent indistinctement tous les êtres qu'ils rencontrent,
n'épargnant ni l'homme ni les animaux ; et,
lorsqu'ils ne trouvent pas de quoi assouvir leur
faim dans les forêts, ils descendent par bandes
de leurs repaires, et commettent des dévastations horribles parmi les nombreux troupeaux
qui paissent dans les plaines.

On rapporte que deux léopards avec trois
petits entrèrent un jour danc un parc de brebis, au Cap de Bonne-Espérance. Les deux
grands étranglèrent plus de cent moutons, et
s'enivrèrent de leur sang ; lorsque la soif du
carnage fut chez eux apaisée, ils dépecèrent le

cadavre d'un mouton en trois qu'ils distribuè-
rent aux petits ; puis ils se chargèrent chacun
d'une brebis et se retirèrent. Les gens du pays
leur tendirent ensuite des piéges, en tuèrent
un et les petits, et laissèrent échapper l'autre.

Les nègres prennent souvent ces animaux
dans des fosses légèrement couvertes de claies
et de feuillages, et se régalent de leur chair.
Leurs peaux sont envoyées en Europe, où elles
sont très-estimées et se vendent fort cher.

Il existe une variété de cette espèce appelée
léopard chasseur, qui est à peu près de la
taille d'un lévrier. Sa robe est d'une couleur
brune, légèrement foncée, et marquée, comme
celle des premiers, de taches noires et rondes.

Cet animal, qui habite principalement dans
l'Inde, s'apprivoise facilement, et on l'emploie
à la chasse des gazelles et des antilopes. Pour
cet effet, on le transporte dans une petite car-
riole, enchaîné et encapuchonné, de peur
qu'en voyant le troupeau il ne soit trop em-
pressé et ne fasse un mauvais choix. Lorsqu'il
est mis en liberté, il ne saute pas immédiate-
ment sur sa proie, mais fait des détours et

s'arrête par intervalles, en ayant soin de se tenir en embuscade jusqu'à ce qu'une occasion
favorable se présente. Il s'élance alors sur le
troupeau avec un vitesse étonnante, et l'atteint
alors aussitôt par la rapidité de son bond. Si
néanmoins, dans ce premier assaut, qui consiste
en cinq ou six bonds prodigieux, il ne réussit pas dans son entreprise, il s'arrête tout
essoufflé et reste un instant à reprendre haleine ; puis, renonçant pour le moment à toute
attaque, il revient auprès de son maître.

L'OURS.

L'ours est un animal sauvage et solitaire qui
habite les excavations les plus inaccessibles des
montagnes, ou fixe son séjour dans les endroits

les plus retirés et les plus impénétrables des forêts. Il a les oreilles courtes, arrondies, les yeux petits et pourvus d'une membrane clignotante; son museau est saillant, et il a l'odorat extrêmement fin. Dans tous les animaux de cette espèce, les jambes et les cuisses sont fortes et musculeuses, les pieds singulièrement longs, et les griffes si aiguës, qu'ils peuvent grimper sur les arbres avec assez de facilité. La voix de l'ours consiste en un grondement sourd et un gros murmure qu'il fait souvent entendre sans la moindre provocation. L'ours se trouve dans les Alpes et dans les forêts septentrionales de l'Europe et de l'Amérique.

Il est très-facile d'apprivoiser cet animal et de le rendre obéissant et docile; on lui apprend à marcher debout, à tenir un bâton avec ses mains et à faire différents tours pour plaire à la multitude, qui s'amuse beaucoup de la maladresse avec laquelle il semble se mettre en mesure au son grossier d'un instrument, ou à la voix rustique de son maître. Il est des ours auxquels on apprend à danser en leur jouant des airs d'un instrument quelconque.

5

L'affreux spectacle des combats d'ours faisait autrefois un passe-temps favori des Anglais, et même des gens de la première distinction.

L'ours passe une partie de l'hiver sans nourriture ; la graisse qu'il a en abondance sur la fin de l'automne, lui fait facilement supporter une abstinence de trente à quarante jours.

La chasse de cet animal, sans être fort dangereuse, devient très-profitable lorsqu'on la fait avec succès. La peau est, de toutes les fourrures grossières, celle qui a le plus de prix. Sa chair n'est pas excellente, mais celle de l'ourson est très-délicate. En Allemagne, quand elle est salée et fumée, on en sert sur les meilleures tables. Mais le produit le plus grand qu'on retire de l'ours, est une sorte d'huile aussi bonne que l'huile d'olive, et qui sert aux mêmes usages. La grande quantité de graisse de l'ours le rend très-léger à la nage : aussi traverse-t-il les lacs et les fleuves sans se fatiguer.

Outre l'ours brun ou noir auquel tout ce que nous venons de dire se rapporte, il y a encore l'ours blanc, qui mérite une mention particulière. Il diffère de l'ours commun en ce qu'il a la tête et le cou d'une forme plus allongée, et le corps aussi plus long.

Ces quadrupèdes habitent les régions polaires en troupes prodigieuses, non-seulement sur les terres gelées, mais encore sur les glaçons flottants, à plusieurs kilomètres des côtes; ils sont même quelquefois transportés de cette manière jusqu'en Islande. Après la longue abstinence qu'ils ont nécessairement soufferte dans ce trajet, ils attaquent indistinctement le premier être qui se présente à eux; mais on prétend que les naturels du pays échappent aisément à leur poursuite, s'ils peuvent jeter sur le chemin de l'animal quelque chose qui l'amuse. Un gant, dit-on, est très-propre à produire cet effet, car l'ours ne bouge pas qu'il n'ait retourné chacun des doigts de ce gant, et cette opération exige assez de temps pour que la personne puisse s'évader.

Il arrive fort souvent que lorsque les Groënlandais sont à naviguer dans un canot sur la mer, et qu'ils approchent de trop près d'un glaçon qui porte un ours, celui-ci saute dans leur frêle esquif, et, s'il ne le renverse pas, il s'assied tranquillement dans l'endroit où il a sauté, et se laisse mener comme passager.

Les Groënlandais ne sont pas fort satisfaits de la présence de cet hôte monstrueux, mais ils font de nécessité vertu, et le conduisent charitablement à bord.

Les ours blancs sont cependant d'un naturel féroce, et quand ils sont irrités ou provoqués, ils montrent la persévérance la plus opiniâtre à se venger, ainsi qu'on en jugera par l'anecdote suivante :

L'équipage d'un canot appartenant à un navire de la pêche de la baleine, tira, à une petite distance, sur un ours, et le blessa ; l'animal poussa aussitôt un rugissement affreux , et courut le long de la glace vers le bateau afin de l'atteindre. On tira sur lui un second coup qui le frappa encore ; cela néanmoins ne servit qu'à augmenter sa fureur : il se jeta à la nage pour rejoindre ses ennemis, plaça une des pattes de devant sur le bord du canot ; mais un matelot qui tenait une hache d'abordage la lui coupa ; l'ours continua toujours de nager derrière eux, jusqu'à ce qu'ils furent arrivés près du navire, où on lui tira plusieurs coups de fusil qui le blessèrent encore. Parvenu au bâtiment, l'animal grimpa sur le tillac, et l'équipage ayant fui dans les haubans, il allait l'y poursuivre lorsqu'un nouveau coup de mousquet l'étendit par terre.

LE LOUP.

Cet animal, assez connu de tout le monde, est beaucoup plus musculeux que le chien. La longueur de son corps est d'environ un mètre; en général la couleur de son poil est un mélange de noir, de brun et de gris de fer, quoique dans le Canada il soit entièrement noir, et presque tout blanc dans quelques autres contrées du Nord. Le loup a la tête longue, le nez effilé, les dents énormes et des oreilles étroites et pointues. Ses yeux, obliquement relevés, sont étincelants et d'une couleur verte ; son aspect annonce une extrême férocité. Dans les pays où les loups sont nombreux, ils descendent par troupeaux des montagnes ; ils infestent les villages, enlèvent de vive force les moutons, les agneaux et même les chiens. Le cheval et le bœuf, seuls quadrupèdes domestiques qui puissent opposer quelque résistance à ces ennemis, succombent souvent sous leur nombre et leurs assauts : souvent l'homme lui-même, dans ces occasions, est victime de leur voracité. Le loup possède le sens de l'odorat au suprème degré, il sent la chair qui lui convient d'une distance de quatre kilomètres.

Quoique le loup soit si glouton qu'il remplit quelquefois son estomac de fange ou de terre, et dévore sa propre espèce quand il est pressé par la faim, cependant sa férocité ne triomphe jamais de l'extrême sagacité et de l'extrême finesse dont il est doué. Toujours soupçonneux, toujours défiant, il s'imagine que tout ce qu'il voit est un piége dressé pour le prendre : s'il trouve une chèvre qu'on a attachée à un poteau pour la traire, il n'ose en approcher, craignant qu'on ait placé là cet animal pour lui jouer pièce; mais la pièce n'est pas plus tôt mise en liberté qu'il la poursuit et la dévore.

Les loups causaient jadis d'affreux ravages en Angleterre et en Irlande, mais aujourd'hui la race en est entièrement anéantie, et leur nombre diminue considérablement dans la plupart des autres contrées de l'Europe.

Il est bon de remarquer que, dès que le loup se trouve pris dans une embûche, et qu'il ne voit aucune possibilité de s'échapper, son courage l'abandonne, et la peur le rend pendant quelques instants si stupéfait, qu'on peut le tuer ou le prendre en vie sans aucune difficulté; et même, dans ce moment, il est possible de le museler et de le mener en laisse comme un chien. On a vu des exemples d'un loup et d'un homme tombés dans une fosse, où le premier s'était tellement déconcerté par le sentiment de sa captivité qu'il ne faisait aucune tentative pour attaquer l'homme.

En Perse et dans diverses autres contrées orientales, les loups figurent dans les spectacles qui se donnent au peuple; quand ils sont jeunes, on leur apprend à danser et à lutter. Un voyageur dit qu'un loup bien dressé vaut jusqu'à 1500 francs de notre monnaie.

LE RENARD.

Le renard a les formes plus déliées que le loup, et il est beaucoup moins gros que cet animal. Sa queue est plus longue et plus touffue, mais la direction oblique de ses yeux et la forme

de ses oreilles sont semblables à celles du loup.
Il a l'humeur folâtre, et l'on ne peut jamais
parvenir à l'apprivoiser entièrement. Le renard est le plus fin et le plus rusé de tous les
animaux de proie. « Le choix du lieu de son
domicile, l'art de faire ce manoir, de le rendre
commode, d'en dérober l'entrée, dit Buffon,
sont autant d'indices d'un sentiment supérieur.
Le renard loge au bord des bois, à portée des
hameaux ; il écoute le chant des coqs et le cri
des volailles ; il les savoure de loin ; il prend
habilement son temps, cache son dessein et sa
marche, se glisse, se traîne, arrive et fait rarement des tentatives inutiles. Il ravage les basses-cours, il y met tout à mort, se retire leste-
ment en emportant sa proie qu'il cache sous la
mousse, ou qu'il porte à son terrier. Il revient
quelques moments après en chercher une se-
conde qu'il emporte et cache de même, mais
dans un autre endroit ; ensuite une troisième,
une quatrième, jusqu'à ce que le jour ou le
mouvement de la maison l'avertisse qu'il ne
faut plus revenir. »

Le renard est aussi vorace que carnassier :

il mange de tout avec une égale avidité, des
œufs, du lait, du fromage, des fruits et surtout
des raisins. Lorsque les levrauts et les perdrix
lui manquent, il se rabat sur les rats, les mu-
lots, les serpents, les lézards, les crapauds, etc.,
et il en détruit un grand nombre . c'est là le
seul bien qu'il procure. Il est très-avide de
miel; il attaque les abeilles sauvages, les guê-
pes, les frelons, qui d'abord tâchent de le mettre
en fuite en le perçant de mille coups d'aiguillon;
il se retire, en effet, mais c'est en se couchant
pour les écraser; et il revient si souvent à la
charge qu'il les oblige à abandonner le guê-
pier; alors il le déterre et en mange le miel et
la cire.

Pour prendre les lapereaux dans leurs terriers, le renard n'entre pas par leur ouverture,
mais il suit, à la superficie du sol, les émana-
tions de leurs corps, jusqu'à ce qu'il parvienne
à l'endroit où ils sont cachés; et, grattant ensuite la terre, il descend facilement au-dessus
d'eux.

Un voyageur rapporte qu'un jour un renard
avait mis par rangées plusieurs têtes de pois-
sons; peu de temps après un corbeau vint

fondre sur ces têtes et fut sa proie. On a vu
un autre renard qui, voulant s'emparer d'un
coq d'Inde perché sur un arbre, à une hauteur où il ne pouvait atteindre, s'avisa de
se mettre à tourner avec une vitesse extrême
au pied de l'arbre, afin de causer des vertiges
à la proie qu'il convoitait. Le coq d'Inde, en
effet, ayant apporté beaucoup trop d'attention
au mouvement circulaire de son ennemi, ne
tarda point à en être étourdi, et il se laissa
tomber dans la gueule du renard.

L'HIPPOPOTAME.

Cet animal est d'une taille égale à celle du
rhinocéros. Il a plus de trois mètres de long et

presque autant de circonférence ; sa forme est très-grossière, massive et ramassée : il a les jambes courtes et épaisses, la tête carrée, la gueule large, les oreilles et les yeux petits. Le corps entier de l'animal est couvert d'un poil court, rude et d'une couleur tirant sur le brun. Sa peau, qui a beaucoup de ressemblance avec celle du porc, a, dans quelques endroits, deux pouces d'épaisseur, et son poids seul suffit à la charge d'un chameau.

Cet animal, à raison de ce que sa masse est énorme, et de ce qu'il a les jambes courtes, ne peut pas courir bien vite sur la terre, où il est extrêmement timide.

Lorsqu'il est poursuivi, il se jette à l'eau, descend au fond, et y marche avec beaucoup de facilité. Dans le jour, il a si peur d'être découvert, que, lorsqu'il veut respirer l'air, on aperçoit à peine l'endroit où il a hasardé de mettre le nez hors de l'eau.

L'hippopotame, lorsqu'il est blessé, soulève avec violence les canots et les barques, arrache avec ses dents leurs pièces de rebords, et les fait submerger. Il pratique des trous fort creux pour cacher sa masse immense. Quand il quitte l'eau, il sort ordinairement la moitié de son corps et évente autour de lui ; mais quelquefois il s'élance de la mer avec une grande impétuosité.

Les Égyptiens ont un singulier moyen de se délivrer de cet animal destructeur ; ils répandent une grande quantité de pois secs dans l'endroit qu'il fréquente ; et lorsqu'il vient à terre, il se met à les manger avec beaucoup de voracité jusqu'à ce que cette nourriture lui ait causé une soif dévorante ; il court aussitôt l'étancher, et boit une telle quantité d'eau, que les pois se gonflent dans son estomac et le font périr.

La chair de l'hippopotame est un excellent mets pour les Hottentots, qui la mangent rôtie ou bouillie. Sa langue surtout est considérée comme un mets délicieux.

Sa peau, coupée en lanières, sert à faire des fouets ; ses défenses, à raison de ce qu'elles conservent toujours leur pureté originelle, sont regardées comme très-supérieures à l'ivoire.

Les hippopotames habitent les fleuves d'A-

frique ; ils abondent quelquefois dans les rivières les plus voisines du Cap ; mais ils sont
presque entièrement détruits.

———

LE RHINOCÉROS.

Après l'éléphant, dit Buffon, le rhinocéros
est le plus puissant des animaux quadrupèdes :
il a au moins quatre mètres de longueur, depuis l'extrémité du museau jusqu'à l'origine
de la queue ; plus de deux mètres de hauteur,
et la circonférence de son corps égale la longueur. Il approche donc de l'éléphant par le
volume et par la masse, et s'il paraît plus petit,
c'est que ses jambes sont plus courtes ; mais il

en diffère de beaucoup par les facultés naturelles et par l'intelligence. Privé de toute sensibilité dans la peau, manquant de mains et d'organes distincts pour le sens du toucher; n'ayant, au lieu de trompe, qu'une lèvre mobile dans laquelle consistent tous ses moyens d'adresse, il n'est guère supérieur aux autres animaux que par la force, la grandeur et l'arme offensive qu'il porte sur le nez, et qui n'appartient qu'à lui. Cette arme est une corne très-dure, solide dans toute sa longueur, et placée plus avantageusement que les cornes des animaux.

La corne du rhinocéros a quelquefois un mètre de longueur et plus de deux de circonférence à sa base; elle lui sert à se défendre contre l'attaque de toute espèce d'animaux féroces. Elle est disposée de manière qu'elle est susceptible de faire les blessures les plus profondes, et qu'il peut en tirer le plus grand parti; car, tandis que l'éléphant, l'ours, le sanglier et le buffle sont obligés de frapper de travers avec leurs armes, le rhinocéros applique toutes ses forces à chaque coup qu'il porte;

le tigre, en conséquence, malgré toute sa férocité, s'expose rarement à attaquer cet animal.

Le corps et les membres du rhinocéros sont défendus par une peau noirâtre, couverte de tubérosités, et si dure, qu'elle est impénétrable aux coups de poignards et de lance. On prétend que, pour tirer sur un rhinocéros parvenu à toute sa croissance, il faut employer des balles de fer, celles de plomb étant sujettes à s'aplatir contre sa peau, qui cependant, entre les plis et sous le ventre, est molle et d'une couleur de chair tendre. La mâchoire supérieure de cet animal avance sur l'inférieure ; la lèvre de dessus a du mouvement, et peut s'allonger jusqu'à trois et quatre décimètres de longueur.

Le rhinocéros est ordinairement d'un naturel doux et paisible ; mais quand on l'attaque ou qu'on le provoque, il devient cruel et fort dangereux.

Les yeux du rhinocéros sont petits, et situés de manière qu'il ne peut voir que ce qui est placé en ligne directe devant lui ; mais on assure qu'il est dédommagé de ce défaut par

une ouïe très-fine, de sorte que, quoique endormi ou très-occupé à manger, il lève la tête
à l'instant, et écoute avec la plus constante attention jusqu'à ce que le bruit qu'il entend ait
cessé.

Malgré la grosseur et la massive corpulence
de ce quadrupède, on prétend qu'il court avec
beaucoup de vitesse, et qu'à l'aide de ses forces,
de l'impénétrabilité de sa peau et de la dureté
de sa corne, il renverse tous les obstacles qu'il
rencontre, et fait plier les petits arbres comme
des baguettes.

Dans quelques parties de l'Asie, on est souvent dans l'usage d'apprivoiser ces animaux
et de les mener à l'armée pour jeter sur le
champ de bataille l'épouvante chez l'ennemi ;
mais, en général, ils sont si intraitables, qu'ils
nuisent à la cause qu'ils doivent servir, et
dans leurs accès de fureur il n'est pas rare de
les voir se tourner contre leurs maîtres.

LA GIRAFE.

La girafe, zoraphe, chameau-pard ou camé-
léopard, se trouve dans quelques parties de l'A-
frique et de l'Inde méridionale. C'est un animal
fort beau, très-doux, mais que la nature a
formé de manière à ce qu'il ne puisse nous être
utile. Il a cinq mètres vingt centimètres de
hauteur, lorsqu'il lève la tête; mais son cou

seul a deux mètres trente centimètres : cette partie de l'animal est grêle, mince, et c'est même ce qui frappe d'abord ceux qui le voient pour la première fois.

Il a sept mètres vingt-cinq centimètres depuis l'extrémité de la queue jusqu'au bout du nez; les jambes de devant et de derrière sont à peu près d'égale longueur; mais les cuisses de devant sont si longues, en comparaison de celles de derrière, que le dos de l'animal paraît être incliné comme un toit ; tout le corps est marqué de grandes taches fauves formant des carrés réguliers et longs; la tête est armée au-dessus du front de deux cornes de 15 centimètres de longueur, et il y a au milieu du front même un tubercule élevé d'environ 5 ou 6 centimètres, et qui ressemble à une troisième corne naissante. Ses oreilles sont comme celles de la vache.

La girafe a le pied fourchu comme le bœuf, la lèvre supérieure plus avancée que l'inférieure, la queue grêle avec du poil à l'extrémité. Lorsqu'elle marche, il semble qu'elle boîte non-seulement des jambes, mais des flancs à droite et à gauche alternativement. Elle marche au pas qu'on nomme l'*amble*, et quand elle veut boire ou paître à terre, il faut qu'elle écarte prodigieusement les jambes de devant.

On s'imaginait autrefois que la girafe n'avait ni le moyen, ni l'intention de se défendre contre les attaques des autres animaux ; mais un voyageur nous assure que, par ses ruades précipitées, elle déconcerte, et parvient enfin à éloigner le lion ; elle ne se sert pas moins de ses cornes comme armes offensives.

Les Hottentots font la chasse à ces animaux principalement à cause de la moelle de leurs os, qu'ils regardent comme un mets très-délicat. On prétend aussi que la chair de la girafe est un mets excellent.

LE SINGE.

Les singes habitent les forêts des pays chauds; quelques-uns perchent sur les arbres, beaucoup savent se construire, avec des branches d'arbres, des cabanes commodes; presque tous ont l'habitude de saluer par des cris la naissance et le déclin du jour; ils ont l'oreille tellement fine qu'ils entendent leur ennemi à la distance de plus d'un kilomètre. Ces animaux se nourrissent de racines, de fruits et de légumes; quelques-uns mangent des coquillages et des crabes. Les singes sont fort laids; ils sont très-enclins à voler, à déchirer, à casser ; très-adroits dans toutes leurs actions et témoignent en tous temps leurs désirs d'une manière excessive. Quelquefois, quand ils ont vécu avec les hommes, et qu'ils sont un peu apprivoisés, ce à quoi on arrive assez facilement, si on les bat, ils ont l'art de soupirer, de gémir, de pleurer comme des enfants, et de pousser, suivant le cas, des cris d'épouvante, de douleur, de colère ou de dérision.

La face des singes est très-mobile et se prête à mille grimaces, admet mille contorsions, qui, jointes à leurs gestes ridicules et extravagants, donnent le spectacle le plus risible et le plus divertissant ; on en voit qui sont portés à l'imitation de tout ce qui se présente devant leurs yeux, et qui ont l'adresse de contrefaire toutes les grimaces, toutes les moqueries qu'on leur fait.

Il y a des races de ces animaux qui observent, dit-on, entre eux une certaine discipline et exécutent tout avec une adresse admirable. Ces animaux sont habiles au pillage, et font leurs expéditions en troupe. S'agit-il de dévaster une melonière, une grande partie entre dans le jardin, se range en haie à une distance médiocre les uns des autres; ils se jettent de main en main les melons, que chacun reçoit adroitement et avec une agilité extrême. On distingue un grand nombre d'espèces de singes; les plus remarquables sont l'orang-outang, le babouin, le magot et le sajou.

M. de Buffon avait un orang-outang qu'un signe ou la parole faisait agir. Il présentait la main pour recevoir les gens qui venaient le visiter, se promenait gravement avec eux et semblait leur faire les honneurs. Il s'asseyait à table, déployait sa serviette, s'en essuyait les lèvres, se servait d'une cuillère, d'une fourchette, versait sa boisson dans un verre et le choquait lorsqu'il y était invité. A la fin du repas, après un signe de son maître, quelquefois même de sa propre autorité, il prenait une tasse et une soucoupe, l'apportait sur la table, y mettait du sucre, y versait du thé et le laissait refroidir pour le boire. Il était doux, caressant, et aimait prodigieusement les bonbons.

Dans la Guinée, où les orangs-outangs sont très-communs, on les habitue à tourner la broche et à soigner le rôti, ce qu'ils font avec une dextérité remarquable. D'autres, quand ils veulent manger une espèce d'huîtres qui pèse plusieurs kilos et qui sont souvent ouvertes sur le rivage, jettent une pierre entre les deux coquilles, et la mangent sans crainte qu'en se refermant elle leur enserre la patte.

Les Indiens qui veulent s'amuser aux dépens des magots, singes vicieux et difficiles à apprivoiser, placent cinq ou six corbeilles de riz à quatre-vingts ou cent mètres de distance les unes des autres, dans un terrain découvert, non loin de la retraite des animaux, et, à côté de chaque panier, un certain nombre de gros bâtons, puis se mettent en embuscade afin de voir ce qui va se passer. Les singes, n'apercevant personne, viennent auprès des corbeilles, se font des grimaces, s'avancent et reculent par intervalles, comme s'ils avaient quelque chose à redouter. Enfin les plus hardis se hasardent à approcher des corbeilles, et au moment où ils se disposent à y fourrer leurs têtes pour manger, d'autres avancent pour les en empêcher; les premiers se retournent pour les repousser, tous ramassent les bâtons qu'ils trouvent sous leurs mains, et il en résulte un engagement, à l'issue duquel les plus faibles sont chassés dans les bois avec la tête ou quelques membres cassés : les vainqueurs alors s'empressent de dévorer le prix de leur triomphe.

LE CASTOR.

La longueur de cet animal est d'environ un mètre. Sa queue est d'une configuration ovale, longue d'environ trente-cinq centimètres, et horizontalement comprimée dans sa partie inférieure ; elle est dépourvue de poil, si ce n'est à la base, et couverte d'écailles ; elle sert à cet animal pour le diriger dans l'eau, et devient pour lui une espèce de gouvernail.

Son poil est doux, lisse, luisant, châtain et quelquefois noir. Le castor a les oreilles courtes et presque cachées dans sa fourrure ; ses pieds de devant sont petits et à peu près semblables à ceux d'un rat, ceux de derrière sont larges. Il a les dents incisives très-fortes et très-propres à couper le bois ; aussi ne fait-il sa nourriture que d'écorces et de feuilles d'arbres.

Les castors vivent ordinairement en communauté de deux à trois cents individus, occupant des habitations qu'ils s'élèvent à la hauteur de 2 mètres 50 au-dessus des eaux. Ils choisissent, si cela leur est possible, un grand étang, y construisent leurs maisonnettes sur pilotis, en ayant soin de leur donner une forme ovale ou circulaire. Ces maisonnettes se terminent par une voûte, qui donne extérieurement à l'édifice la forme d'un dôme, et intérieurement celle d'un fort. Le nombre de ces maisons varie de dix à trente.

Si ces animaux ne peuvent pas parvenir à trouver un étang qui convienne à leurs vues, ils font choix d'un terrain uni et traversé par un courant d'eau.

Le choix fini, les castors se divisent par tribus où par compagnies; leur premier soin est de construire une digue, en abattant des arbres d'une grosseur considérable, en enfonçant dans la terre des pieux de deux mètres de hauteur, en les alignant sur plusieurs rangées, et en les entrelaçant de petites branches d'arbres. Ils remplissent aussi les intervalles de ce pilotis, de pierres, de sable et de glaise, qu'ils maçonnent avec tant de solidité que, malgré sa longueur de trente à quarante mètres, un homme peut se promener dessus avec la plus grande sécurité. Cette chaussée, de 2 mètres 50 à 3 mètres à sa base, n'a pas au sommet plus de 75 centimètres à 1 mètre.

La jetée une fois construite, les castors s'occupent de leurs cabanes, ces maisonnettes sont bâties en pierres, en terre et en bois, arrangées avec beaucoup de solidité, et revêtues d'un enduit à l'extérieur. Quelques-unes de ces cabanes n'ont qu'un étage, d'autres en ont trois; le nombre de castors qui les habitent, varie de dix à trente. On prétend que chaque individu forme son lit de mousse, de feuilles et d'autres substances légères ; que chaque famille met en réserve des provisions d'hiver, qui consistent en écorces et en branches d'arbres fort tendres, coupées dans une certaine longueur, et entassées avec beaucoup d'ordre et de propreté.

Chaque cabane a deux issues : l'une du côté de la terre, et par laquelle ils sortent pour aller chercher leurs provisions ; l'autre sous l'eau, et toujours plus basse que l'épaisseur ordinaire des glaces, ce qui les met à l'abri des effets de la gelée.

Souvent en été ils abandonnent leurs cabanes, courent de places en places, et passent les nuits à l'abri des buissons ou sur le bord de l'eau ; dans ces circonstances, ils ont des sentinelles qui, par un certain cri d'alarme, les avertissent de l'approche du danger. Dans l'hiver, ils ne sortent jamais, si ce n'est pour aller leurs magasins établis sous l'eau ; aussi ils deviennent excessivement gras.

Un voyageur voulut observer les castors de près ; pour cet effet, il dressa une tente non loi des habitations de ces animaux. Il attendit le soir avant de rien faire ; quand la lune éclaira parfaitement, ils s'approchèrent, lui et ses compagnons, de la digue, y pratiquèrent une rigole et se retirèrent dans leur embuscade.

A peine l'eau commençait à faire du bruit en coulant à travers la rigole qu'un castor sortit des maisonnettes, et vint examiner le dégât qui y avait été fait. Il frappa alors de toutes ses forces quatre coups très-distincts avec sa queue. A ce signal, la société entière de castors se précipita dans l'eau, et arriva sur la chaussée. Lorsqu'ils furent réunis, l'un d'eux parut donner certains ordres, car tous quittèrent aussitôt l'endroit et se séparèrent. Quelques-uns allèrent former une substance qui ressemblait à du mortier, d'autres la charrièrent sur leur queue, qui leur servait comme de traîneau. Certains portèrent le mortier jusqu'à la chaussée, d'autres le mirent dans la rigole et l'y enfoncèrent à grands coups de queue. Le bruit que faisait l'eau en fuyant cessa bientôt ; un des castors frappa alors deux coups avec sa queue, et tous disparurent. Le lendemain on recommença le même dégât et la même réparation eut lieu ; mais comme un des animaux travailleurs passa devant la tente des observateurs, on le tua d'un coup de fusil et tous décampèrent bien plus vite qu'ils ne l'avaient fait la veille au signal de leur inspecteur

LE RAT.

Cet animal est assez connu par l'incommodité qu'il nous cause ; il habite ordinairement les greniers où l'on entasse le grain, où l'on serre les fruits, et de là descend et se répand dans la maison. Il ronge la laine, les étoffes, les meubles, perce le bois, fait des trous dans les murs, se loge dans les épaisseurs des planchers, dans les vides de la charpente ou de la boiserie. Il cherche les lieux chauds, et se niche en hiver auprès des cheminées, dans le foin ou dans la paille. Malgré les chats, le poison, les piéges, les appâts, ces animaux pullulent si fort qu'ils causent souvent de graves dommages; c'est surtout dans les vieilles maisons à la campagne, où l'on garde du blé dans les greniers, et où le voisinage des granges et des greniers à foin facilite leur retraite et leur multiplication, qu'ils sont en si grand nombre, qu'on serait obligé de démeubler, de déserter, s'ils ne se détruisaient eux-mêmes; mais ils se tuent, ils se mangent entre eux pour peu que la faim les presse; en sorte que, quand il y a disette à cause du trop grand nombre, les plus forts se jettent sur les plus faibles, leur ouvrent la tête et mangent d'abord la cervelle, et ensuite le reste du cadavre; le lendemain la guerre recommence et dure ainsi jusqu'à la destruction du plus grand nombre; c'est pour cette raison qu'il arrive ordinairement qu'après avoir été infesté de ces animaux pendant un temps, ils semblent souvent disparaître tout-à-coup, et quelquefois pour longtemps.

Les rats se multiplient, comme nous l'avons dit plus haut, d'une manière extraordinaire. On dit qu'en 1766 ils étaient si nombreux sur le vaisseau de ligne *le Vaillant*, qu'ils dévoraient un millier de biscuit par jour. On prit le parti d'enfumer le navire entre ses deux ponts pour les suffoquer, et, pendant quelque temps, on remplit tous les jours six mannequins de rats qui avaient ainsi été suffoqués.

On dit que le rat peut s'apprivoiser, voici un fait qui le prouve assez. Un allemand avait élevé ensemble un dogue, un chat angora, un corbeau et un rat. Après chaque repas on mettait un plat de soupe au milieu de la chambre, le maître donnait un coup de sifflet, et à l'instant les animaux venaient manger ensemble comme de vrais amis. Quand chacun avait fini, le chien, le chat et le rat se couchaient devant le feu, et le corbeau se promenait par la chambre en sautillant.

Au Japon on forme les rats à faire des tours d'adresse, et on s'en sert pour amuser le peuple.

LE HÉRISSON.

La longueur du hérisson varie depuis 18 à
25 centimètres; il a la tête et les côtés couverts
de dards ; mais le nez, la poitrine et le ventre
sont revêtus d'un poil très-fin ; ses jambes sont
courtes et presque nues ; mais ses doigts sont
à chaque pied au nombre de cinq, longs et séparés. Sa queue est tellement cachée par les
piquants qu'on a de la peine à la distinguer.
Ce quadrupède habite ordinairement dans de
petits buissons et se nourrit de fruits tombés,
de racines et de scarabées ; il aime beaucoup la
viande cuite ou rôtie. Les hérissons sortent ordinairement la nuit, et restent cachés pendant
le jour.

« Le hérisson, dit Buffon, sait se défendre

sans combattre, et blesser sans attaquer; n'ayant que peu de force et nulle agilité pour fuir, il a reçu de la nature une armure épineuse, avec la facilité de se resserrer en boule, et de présenter de tous côtés des armes défensives, piquantes et qui rebutent ses ennemis; plus ceux-ci le tourmentent, plus il se hérisse et se resserre; aussi la plupart des chiens se contentent de l'aboyer : si quelques-uns le saisissent, ce n'est qu'en se piquant les pieds et en se mettant la gueule en sang. »

La manière dont cet animal mange la racine de plantain est très-curieuse : avec sa lèvre supérieure, qui est beaucoup plus longue que l'autre, il creuse sous la plante et en emporte le pied qu'il a rongé, en laissant intacte la touffe de feuilles. La destruction de cette plante incommode est un service qu'il rend dans les jardins.

Le hérisson peut être apprivoisé, jusqu'à un certain point, et il a souvent été introduit dans la demeure de l'homme pour en chasser les grillons. Chez les Tartares Kalmoucks, cet animal tient lieu du chat, et tout le monde a entendu parler, en Angleterre, d'un hérisson qui avait appartenu à un aubergiste du Northumberland, et qui courait dans toute la maison avec une extrême familiarité ; il jouait même le rôle, de ces chiens qui servent de tourne-broche.

LA CHAUVE-SOURIS.

Ce singulier animal diffère de tous les autres quadrupèdes en ce qu'il est pourvu d'ailes ; et on peut le regarder, dans la chaîne de la création, comme l'anneau qui unit deux classes d'êtres opposés.

La chauve-souris commune est un peu plus petite que la souris, avec laquelle elle a les plus grands rapports dans son ensemble, mais sa couleur est plus foncée ; les ailes ne sont que des membranes qui ressemblent à une peau fort mince, et qui s'étend depuis les pieds de devant jusqu'à la queue. On dit avec raison que la chauve-souris a l'extérieur d'un animal imparfait ; car lorsqu'elle marche, ses pieds semblent embarrassés dans ses ailes, et elle traîne son corps sur la terre d'un air fort gauche ; ses mouvements dans l'air paraissent tourmentés, pénibles et mal dirigés ; de sorte que l'on dirait qu'elle ne fait que papillonner.

Linné dit que la chauve-souris ne construit pas de nid comme les oiseaux, mais qu'elle se contente du premier trou qu'elle rencontre, et que, se fixant aux côtés de sa demeure avec ses ongles crochus, elle laisse ses petits s'attacher à ses mamelles pendant le premier ou le second jour de leur naissance ; enfin, lorsqu'elle juge nécessaire de chercher de la nourriture, elle les détache et les accroche de la même manière dont elle s'y était suspendue elle-même, et ils y restent jusqu'à son retour.

Les chauves-souris sont des animaux nocturnes qui dorment pendant le jour, et commencent à voler au crépuscule du soir ; ils fréquentent les lisières des bois et les allées couvertes ; on les voit aussi raser la surface des étangs et des rivières pour chercher des insectes ; vers la fin de l'été, elles se retirent dans des caves, des souterrains, des bâtiments en ruines, des creux d'arbres, où elles restent pendant cette saison dans un état d'engourdissement complet.

Cet animal peut être apprivoisé, et on rapporte qu'une chauve-souris prenait des mouches dans la main d'une personne en ramenant les ailes devant sa bouche, penchant et couchant sa tête à la manière des oiseaux de proie quand ils mangent. L'adresse qu'elle montrait à couper les ailes des mouches, qu'elle ne mange jamais, est digne de remarque ; ces insectes paraissaient pour elle le mets qui lui plaisait le plus, quoiqu'elle ne refusât pas la viande crue, quand on lui en offrait ; de sorte que ce que l'on a dit de ces animaux, qu'ils descendent par les cheminées pour ronger les quartiers de lard, ne paraît pas être un conte fait à plaisir.

Il paraît d'après les naturalistes que les chauves-souris possèdent quelque sens additionnel qui les met à même, lorsqu'elles sont privées de la vue, d'éviter les obstacles à leur passage aussi promptement que quand elles étaient pourvues de cet organe. Lorsque les yeux des chauves-souris, sur lesquelles l'expérience a été faite, étaient couverts ou entièrement crevés, elles n'en volaient pas moins dans une chambre obscure, sans heurter contre la muraille, et, suspendaient naturellement leur vol avec beaucoup de précipitation et de précaution, lorsqu'elles arrivaient à un endroit où elles pouvaient se percher. Si l'on suspendait des branches d'arbres dans une chambre, elles les évitaient avec grand soin, et volaient entre des brins de fil perpendiculaires au plafond, quoique ces fils fussent si près les uns des autres qu'elles étaient obligées de contracter leurs ailes pour en traverser les espaces.

LA TORTUE.

La tortue ordinaire se trouve dans différentes parties de l'Afrique, de la Grèce, et dans presque tous les pays situés sur les bords de la Méditerranée, ainsi que dans la Sardaigne, la Corse et toutes les îles européennes de l'Archipel.

La longueur de son écaille ou boîte osseuse excède rarement 20 à 25 centimètres, et en général elle ne pèse que 2 à 3 kilos. La boîte qui la recouvre est composée de trois plaques centrales d'une forme ovale extrèmement convexe, et plus large par derrière que par-devant ; la partie du milieu est d'un brun noirâtre mêlé de jaune ; la partie inférieure du ventre, appelée plastron, est d'un jaune pâle , marquée de chaque côté d'un grand liseré qui s'étend jusqu'au milieu. Cet animal n'a pas la tête forte, l'ouverture de la bouche ne s'étend pas au-delà des yeux ; il a les jambes courtes et couvertes de fortes écailles ; la queue, qui est plus courte que les jambes, est aussi couverte d'écailles, mais elle se termine par une espèce de pointe cornée.

Cet animal reste principalement dans ses terriers, où il passe la plus grande partie du temps à dormir. Dès l'automne il commence à se retirer sous terre pour y passer l'hiver, et ne reparaît qu'au printemps, vers le commencement de juin.

La tortue est un animal qui se fait toujours remarquer par l'extrême lenteur de ses mouvements, et tout le monde sait ce dicton : *lent comme une tortue.*

C'est une chose remarquable, dit le voyageur Levaillant, que, lorsque les grandes chaleurs viennent à tarir les eaux, les tortues, qui cherchent toujours l'humidité, s'enfoncent dans la terre, à mesure que la surface se dessèche. Elles déposent leurs œufs en plein air et sur le bord des lacs qu'elles fréquentent ; ils sont de la grosseur de ceux du pigeon ; c'est à la chaleur du soleil qu'elles laissent le soin de les faire éclore.

On rapporte qu'une tortue fut amenée à l'état de domesticité ; pendant trente ans qu'elle vécut, elle se retirait sous terre vers le milieu de septembre et reparaissait vers le milieu d'avril ; les premiers jours de son apparition, elle ne témoignait aucune envie de manger, mais elle devenait vorace dans les grands jours de l'été ; et, à mesure que le soleil baissait, son appétit diminuait, de sorte qu'elle se passait presque entièrement de nourriture pendant les six dernières semaines d'octobre. Cette tortue avait une extrême sagacité pour distinguer les personnes qui lui rendaient de bons offices, car, aussitôt qu'elle apercevait la dame qui a eu soin d'elle pendant trente ans, elle se traînait vers cette bienfaitrice avec une légèreté fort maladroite, et ne faisait attention à aucun autre spectateur.

LE SARIGUE.

Le sarigue est un animal du Nouveau-Monde, d'environ 0^m,50 de long en prenant du museau à l'extrémité de la queue. Cette queue est en partie couverte d'écailles, et lui sert à se suspendre aux branches des arbres. Cet animal fait la guerre aux oiseaux, cause du dégât dans les basses-cours; mais, à défaut de gibier, il vit de feuilles, de fruits et d'écorces d'arbres. Il s'assied assez habituellement sur son derrière, fait des singeries avec ses pattes, grimpe aux arbres, quitte sa proie et se jette dessus au passage; il s'apprivoise aisément, mais l'odeur qu'il exhale est aussi insupportable que sa figure est peu plaisante.

Il a des oreilles comme les chauves-souris, et son corps paraît toujours sale, parce que son poil est terne et semble toujours couvert de boue : c'est sous sa peau que réside sa mauvaise odeur, car sa chair n'est pas désagréable à manger, et c'est même un mets recherché des sauvages.

Ce qu'il y a de plus étonnant dans cet animal, c'est une poche assez grande qu'il porte sous le ventre, et qu'il ouvre et ferme à volonté ; cette poche est nécessaire, car rien n'est créé inutilement.

Quand ses petits sont assez grands, elle prend sur elle de les chasser, mais son œil maternel ne les abandonne pas ; si quelque danger les menace, elle vient à leur secours, en les faisant entrer dans sa poche, va les mettre en sûreté, et ne les quitte que lorsqu'ils peuvent se passer entièrement d'elle.

(Extrait de M. Chenu.)

LE KANGUROO.

Ce singulier animal habite la Nouvelle-Galles du Sud, où il a été découvert en 1770 par Cook ; il a quelquefois près de trois mètres de long, depuis l'extrémité du museau jusqu'au bout de la queue, et on a vu des individus de cette espèce qui pèsent jusqu'à cinquante livres ; son pelage est court et mollet, d'un gris rougeâtre, qui s'éclaircit sur les flancs et sous le ventre ; il a la tête petite et allongée, les oreilles larges et droites, et le nez fourni de moustaches ; ses épaules et son cou sont petits. Cet animal augmente graduellement de volume vers les hanches et la partie inférieure du corps. Les jambes de devant des plus grands kanguroos ont environ cinquante centimètres, celles de derrière plus d'un mètre ; les premières servent à ce quadrupède à gratter la terre pour creuser son terrier et à porter ses aliments à sa bouche ; il se meut entièrement sur les jambes de derrière en faisant des bonds de trois mètres de haut. On ne lui compte à chaque pied que trois doigts, dont celui du milieu excède considérablement en longueur et en force les deux autres. Mais l'interne est d'une structure remarquable : en l'examinant de près, on remarque qu'il est réellement divisé dans le milieu, et même à travers l'orteil qui lui appartient, de manière qu'ils paraissent avoir été séparés par un instrument tranchant.

La queue du kanguroo est longue, épaisse à son origine, et se termine en pointe. Il s'en sert pour sa défense, et porte avec cette arme des coups si violents, qu'ils seraient capables de casser la jambe d'un homme. On le chasse avec des chiens ; lorsqu'il est atteint par ces animaux, il se retourne, les saisit avec ses pattes de devant et les frappe avec celles de derrière, qui sont extrêmement fortes. Le kanguroo mange comme les autres quadrupèdes, en se tenant sur les quatre pattes. Quelquefois, il s'amuse à faire des bonds en avant et à frapper la terre avec beaucoup de violence de ses pieds de derrière ; dans ces circonstances, il paraît comme appuyé sur la base de sa queue.

La femelle a une poche abdominale, semblable à celle du sarigue, dans laquelle elle nourrit ses petits et les met à l'abri de toute espèce de danger. Dans l'état naturel, les kanguroos paissent par bandes de trente ou quarante, et l'un d'entre eux se place à une certaine distance des autres pour faire le guet.

FIN.

TABLE